保存版圖鑑

234種類介紹！

保存版圖鑑

234種類介紹!

初學者的
多肉植物&仙人掌日常好時光

NHK出版 ◎編著　野里元哉・長田 研 ◎監修

初學者的多肉植物&
仙人掌日常好時光

Contents

4 來認識多肉植物&仙人掌
6 什麼是多肉植物？
什麼是仙人掌？
8 當你遇見可愛的多肉植物
12 該怎麼栽培呢？
16 多肉植物的三種類型
22 三種類型一起培育看看吧！
26 有著可愛細葉的景天屬
28 特別推薦的景天屬圖鑑
30 來繁殖看看吧！
38 專賣店達人來解答 多肉植物的正確選購方式
42 搭配容器組合
48 裝飾在牆上吧！

52 季節的樂趣
54 春季的管理重點
56 夏季的管理重點
58 秋季的管理重點
60 冬季的管理重點
62 傷害對策
68 多肉廚房
72 特選品項
78 多肉的故鄉在哪裡？
85 多肉植物・仙人掌圖鑑
86 多肉 春秋型
90 多肉 夏型
94 多肉 冬型
96 球形仙人掌
101 團扇形仙人掌
102 柱形仙人掌
104 森林性仙人掌
105 綴化仙人掌
106 多肉・仙人掌店家指南
108 用語解說
110 索引

來認識多肉植物&仙人掌

多肉和仙人掌，是什麼樣的植物呢？
有刺的是仙人掌？表面光滑的是多肉嗎？
當你了解它們繁多的種類、外形與性質的不同之處後，
一定會感受到它們是多麼有魅力的植物。
在灼熱沙漠中忍受乾燥氣候、在高地的岩石地帶生長，
有著比雕刻家的創作更加優美的身姿，那就是多肉和仙人掌。
由大自然所孕育出的小巧藝術品，想不想一窺它們的風貌呢？

ROTHER

什麼是多肉植物？什麼是仙人掌？

多肉植物就如同字面上的意思，是有著比大部分植物還多肉質的根、莖、葉的植物總稱。多肉質的部分含有很多水分，在雨量少的乾燥氣候下也能夠生存。因此在栽培時，不必經常澆水，它們也能夠生長。多肉植物這個稱呼，據說就是由它們的外形和膨脹部位的機能而來的。

仙人掌則是多肉植物的一種，泛指仙人掌科的植物。

仙人掌科植物的特徵，就是有尖刺和刺座（尖刺的底座部分）。即使同為仙人掌科的植物，也有尖刺退化變得較不明顯，或轉變成線狀，看不出來是仙人掌的類型。另有一些屬於大戟屬，全身長滿尖刺，看起來像仙人掌的類型（參考P.91），但因為它們沒有刺座，所以並不歸屬於仙人掌之中，是初學者很難立刻分辨的類型。

多肉植物依生長類型，大致可以分為春秋型、夏型、冬型三種。先了解所屬類型再進行培育，是非常重要的事。

而要注意的是仙人掌並不適用這三種生長類型。仙人掌的栽培方法大多使用培育夏型多肉植物的方法。

當你遇見可愛的多肉植物

發現了喜歡的多肉植物時
一定要記住的有
哪幾件事情呢？

以鮮豔的特殊外形，和獨特質感為魅力的多肉植物。
不只園藝店和園藝中心，
在量販店、漂亮的家飾店、雜貨店……
也都經常見到它們的蹤跡。
雖然新手容易栽培，又可以像裝飾品一樣擺在房間欣賞，
但它們畢竟還是植物。
在栽種前，先來學習一些基本的知識吧！

豐富的名字、風姿與個性，是多肉植物的趣味之處

多肉植物有相當多的種類，即使是同樣的類型，葉子的質感和外形的特色也會有所不同。其中也有如下方所介紹，有著特殊名字的種類。

因為種類太多而傷腦筋時，從名字來選擇說不定也很有趣喔！

關於多肉植物的名字

園藝店裡販售的多肉植物，有像本頁介紹一樣以日文名字命名的，也有根據植物分類寫成學名的。本書為了方便讀者查詢園藝書和網路資訊，將該種類所屬的屬名及市面上較常見的俗名一併記入。下圖中的熊童子，「銀波錦屬」是屬名，「熊童子」則是種名（園藝名）。

▲**銀波錦屬**
熊童子
肥厚的葉子表面有絨毛，觸感如同名字般，令人聯想到小熊手掌。

▲**青鎖龍屬**
星王子
層疊而生的葉片，彷彿從異世界前來的拜訪者。

▲**星美人屬**
青星美人
特色是令人聯想到四散的星星，容易留下深刻印象的葉子。

▲**星美人屬**
星美人
這也是以星星命名的美人系列，有如沾了層薄粉般的淡牛奶色與豐滿的外型十分相襯。

▲**伽藍菜屬**
月兔耳
特色是包覆著一層絨毛的細長葉片，宛如直立的兔子耳朵，是很受歡迎的品種。

多肉植物，厲害的點在這裡！

多肉原本就是生長在乾燥地區的植物，很難因為忘了澆水就枯萎，這正是多肉植物的優點。亦有可以栽種在室內的品種。

不必經常澆水，栽培超簡單！

多肉植物有表面長一層絨毛、觸感柔軟的品種，也有像仙人掌般整體覆蓋著尖刺的品種，及表面粗糙、外形像芋頭般的品種，據說世界各地共有上千種。外層表皮堅硬，長著尖刺，中心則水嫩柔軟的蘆薈，也是多肉植物的一種。

景天屬　乙女心

像雷根糖般的葉子十分可愛，是多肉植物中最有人氣的一種。若是受寒，葉尖會變成紅色。

當然，仙人掌也很厲害喔！

外表長滿尖刺，為人熟知的仙人掌，也是同樣的性質。和多肉植物一樣，澆水要少量。

只要確實遵守栽培的基本原則，就可以養好幾年。基本的栽培方式請參考P.12至P.15。

能夠長久陪伴在身邊的植物

買回家後，請先這樣作！

將多肉植物買回家後，放置在喜歡的位置之前，請先注意這些小細節吧！

放入喜歡的盆器中栽培吧！

店裡販售的多肉植物，通常都是種在塑膠製或聚乙烯製的花盆中。如果不喜歡原本的造型，可以搭配室內擺設，將多肉植物連盆放入喜歡的花盆或容器中。除了市售的套盆，也可以使用杯子或玻璃容器，並盡量放置在光亮的地方。

注意土壤不可過濕

因為多肉植物不必經常澆水，買回來後不馬上澆水也沒關係。澆水的頻率，一個月一次就可以了。對多肉植物而言，比起水分不足，澆太多水更容易造成傷害。如果放入底部沒有洞的盆器，澆水時務必記得將蓄積的水分倒掉（參考P.15）。

名牌要小心保存

多肉植物中，有很多種類不同，外形卻很相像的品種。也有些會在培育過程中，外形產生變化。買到附有寫著品種名名牌的盆栽時，名牌可以直接就這樣插著，若要取下，也建議好好保存備用。

該怎麼栽培呢？

多肉植物是十分堅韌且好培育的植物，但並不是隨便以什麼方法照顧都沒問題。

適當給予水＆陽光
確實作好防寒準備

景天屬
銘月

石蓮屬
藍精靈

規則1
水

水量要減少到極限

水可以等到葉子有些皺了再澆也沒關係。園藝店中的植物，大部分都是土壤表面乾了就澆水，但多肉如果土壤一乾就立刻澆水，根部會時常處在過濕的狀態。這種狀態持續下去，根部就會因為過濕而受傷，導致枯萎。澆水的技巧請參考P.14的作法。

規則 2

光

充分沐浴在陽光下

多肉基本上要種在明亮的地方。成長期時放在明亮的屋簷下等處所，就能夠長得健康強韌。若是種在屋內，可能會放在日照不是很好之處。可以兩個星期放在陰暗的位置，下兩個星期改放在明亮的位置，讓植物定期曬曬日光浴。

前方的盆缽／銘月・帶斑圓葉景天
中央左側的盆缽／艷姿屬
圓葉黑法師
中央右側的盆缽／鷹爪草屬
後方的盆缽／Pachyveria屬 立田

因為沒有充分沐浴到陽光，雖然也別具風味，但卻有些虛弱的多肉植物。對於想放在身邊欣賞的人來說，放置的地點是令人煩惱之處。

規則 3

霜

要注意霜害

日本比起關東地方，在關西的平地地帶，即使冬天放置於戶外也不要緊。但是有很多品種一旦碰到霜，葉子就會受到傷害，當預報有強烈冷氣團來襲時，還是將它們搬到室內吧！

澆水的技巧

多肉植物相較於一般的園藝植物，不怎麼需要水分。比起沒有澆水導致枯萎，更應注意不要澆水過多，而導致枯萎。

想要多肉長得健康漂亮 水和環境的平衡相當重要

水在多肉成長時期，基本上是於土壤乾後7至10天再澆。

多肉植物是在乾燥的土地上生長的植物，如果補充太多水分，反而會傷害到根。如果不知道什麼時候是成長期，就等到葉子稍微有些枯萎時再澆也可以。

多肉植物會生長成什麼樣子，和水、肥料、日照等環境都大有關係。如果你種的多肉植物沒有長成心目中的樣子，可以參考下方的圖表，重新調整澆水方式和環境。

非常乾萎的朧月屬，即使乾到這樣的狀態，只要澆水就會恢復活力。

葉子開始變皺了，差不多可以澆水。

水分充足的石蓮屬，葉子很強韌。

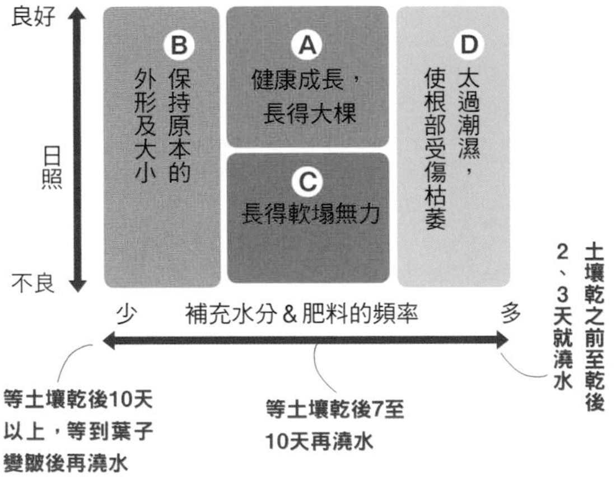

A 定期補充水分和肥料，就會漸漸長大。植株會長得很健全，但外形可能會比較奇怪，或長得太大。

B 極力減少水分的補充，多肉植物就不會長大。喜歡的枝葉和外形都可以繼續保持原本的樣子。不過不適合需要長出枝條來進行扦插法繁殖（P.31）的品種。

C 對比補充的水分和肥料，日照過少而導致枝條軟塌，外形容易參差不齊。若減少水分和肥料，可以長成B的狀態；放置在日照充足的地方，可以長成A的狀態。

D 補充太多水分和肥料，會導致枯萎。

配合生長狀態補充水分吧！

多肉植物只有在合適的溫度下才會健康地成長，其他時期則會停止生長。關於成長期，可以參考P.18至P.20的栽培日曆。

成長中

葉子接連冒出，開始茂盛成長。等土壤乾後一週以上再澆水。

停止成長

以艷姿屬來說，會在溫暖的時期停止生長。這個時期不用澆水。像艷姿屬這類夏天會停止成長的類型，到了高溫期，只要根部潮濕就特別容易枯萎，一定要注意。

在冬季生長的艷姿屬黑法師。

使用底部有洞的盆缽時

一定要將底盤的水倒掉

很多多肉植物如果根部太濕，狀況就會變差。除了要減少澆水的頻率，也要記得澆水後，將底盤的水倒掉，避免土壤過濕。

以澆水壺慢慢地將水直接澆到土壤上。充分澆水，直到水從盆底流出。

有使用底盤時，澆水後一定要將蓄積的水倒掉。也可以在廚房的水槽澆水，澆到水從盆底流出，再放回底盤上。

不要讓水積在植株的中央

澆水時，如果澆在整個植株上，Graptoveria屬（左圖）或像鷹爪草屬等呈蓮座狀的品種，水分就會蓄積在中央。特別是氣溫低的時期，水不容易乾，植株便會從積水處開始腐壞，一定要注意。

右邊是植株中央積水，於是從中央開始腐壞的Graptoveria屬。左邊是健全的植株。從中央長出新葉的品種，中心部分一旦受傷，便無法恢復和成長。

水分補充只給需要的盆栽

將所有的多肉植物種在一起，很容易為了省事想一次澆完，但這就是失敗的根本原因。如果幫土壤還沒完全乾燥的植株澆水，便是造成根部受傷的原因。澆水時，只給需要水分的盆栽澆水就可以了。

右邊是乾燥的土，左邊還有一點濕濕的。如果在土壤完全乾燥前澆水，根部受傷的可能性也會提高。

使用沒有洞的容器時

要將蓄積在底盤的水倒掉

多肉植物也可以在盆底沒有洞的玻璃容器或杯子中，放入土壤後種植。使用這些容器時，注意一定要將多餘的水分倒掉。

底部蓄積的水分會傷害到根部，可以輕壓土壤表面，將盆缽傾斜，將多餘的水分倒掉。

若使用硬土，傾斜盆缽也沒問題

使用底部沒有洞的容器時，如果可以買到園藝店有在賣的專用土「硬土」會更方便。這種土原本是像右圖中所示，為了能在垂直面種植多肉植物使用的，不過將它鋪在土壤表面，在倒除多餘水分時，還可以避免土壤溢出。

加水攪拌成黏土狀後放入容器中，便可以種植植物。乾了以後會變硬，不會裂開，將容器傾斜也沒問題。

多肉植物的三種類型

多肉植物及仙人掌，可以依生長時期分為三種類型。
除了生長期可以補充水分和肥料之外，
其他時間補充可能會對多肉造成傷害。
確實了解手上多肉植物的生長期，
是培育優良多肉的第一步。

長得較高的深綠色多肉植物是伽藍菜屬的不死鳥。長在葉子邊緣的黑色物體，是稱之為不定芽的子株。也可以撒在土壤上繁殖。請參閱P.32。

以生長期區分的三種類型

多肉植物可以分為喜歡穩定溫暖的春秋型、喜歡高溫的夏型，和喜歡寒涼氣候的冬型三種。這三種類型分別會在各自喜歡的時期成長，其他時期則會休眠（停止生長）。休眠時，根部不會往上輸送水分，因此若是土壤太潮濕，便會傷害到根部，最糟的情況，可能連植株都會枯萎。休眠中就停止澆水。另外，休眠後甦醒到開始生長這段期間，可以進行換盆，以確認根部是否有受傷（換盆方法請參閱P.36）。仙人掌的生長類型請參考下列表格。

春秋型

石蓮屬 桃太郎

在春季和秋季生長的類型。於氣溫10℃至25℃之間成長。低溫期和高溫期則進入休眠期。這個時期很怕潮濕，因此要停止澆水。

景天屬
虹之玉

星美人屬
月美人

鷹爪草屬
姬玉露

夏型

伽藍菜屬 月兔耳

在夏季生長的類型。會在氣溫20℃以上的環境下生長。基本上喜歡高溫的環境，但是不喜歡太過極端的潮濕。如果夏天時生長緩慢，應該要注意通風，並減少補充水分等。

大戟屬 琉璃晃

龍舌蘭屬
王妃雷神白斑

伽藍菜屬
茱蓮

冬型

石頭玉屬・魔玉屬 魔玉

在冬季生長的類型。在氣溫5℃至20℃的環境下能夠健康生長。雖然比其他的類型更耐低溫，但不喜歡低到會降霜的冷度，因此當氣溫降至5℃以下時，記得將它移到室內較涼爽的地方。它也非常討厭夏季高溫潮濕的環境。夏天要停止澆水，移至通風良好的地方照顧。

艷姿屬 黑法師

仙人掌幾乎都比照夏型

仙人掌在日本幾乎都於高溫期生長，因此栽培方法可以比照多肉植物的夏型。不過和多肉植物相比，仙人掌即使在生長期，也不會明顯成長。另外，在濕度較高的梅雨季節，請務必記得只有仙人掌要減少補充水分。

※明亮的日蔭處，例如面南的走廊下等，不會照到直射日光的地方。
※緩效性化學肥料可選用三要素等量的類型，液體肥料可選用N-P-K=6-10-5的類型等，一般花草使用的肥料即可。
※本篇介紹的屬中，也含有其他類型的品種。

三種生長類型栽培日曆

春秋季成長的類型

氣溫10至25℃時成長，夏季與冬季則停止成長。

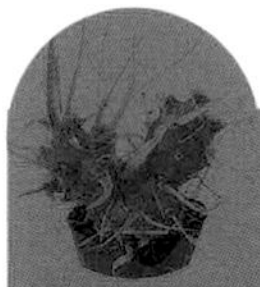

仙人掌中，一部分的團扇形仙人掌及灰球掌屬等，也可以比照春秋型的標準來栽培。它們屬於高山性，原本便生長在石灰成分較多、標高較高的岩石地帶中，而這裡也是一年中降雨相當少的地區。夏天濕度太高，為了避免徒長或根部腐爛，要積極地減少澆水，並放置在通風良好的地方。

代表品種

長生草屬

景天屬

石蓮屬

椒草屬

星美人屬

青鎖龍屬（春秋型）

Pachyveria屬

鷹爪草屬

朧月屬

溫度慢慢變涼後，成長也會逐漸趨緩

月	1	2	3	4	5	6	7	8	9	10	11	12
生長狀況	停止成長		慢慢開始成長	成長			停止成長		成長		成長逐漸趨緩	停止成長
放置地點	日光充足的室內			通風良好的室外日照處			不會淋到雨的明亮日蔭處		通風良好的室外日照處			日光充足的室內
澆水	不澆水		土壤完全乾燥後，等待7至10天再一次澆足				不澆水		土壤完全乾燥後，等待7至10天再一次澆足			不澆水
肥料				兩個月施一次緩效性化學肥料（或一週施一次液體肥料）					兩個月施一次緩效性化學肥料（或一週施一次液體肥料）※紅葉型不必施肥			
可進行的作業			換盆・分株・修剪・扦插・葉插						修剪・扦插・葉插 換盆・分株			

多肉植物依成長期不同，大約可以分成三種類型。
請事先確認好自己所種的多肉植物是哪一種類型。
無論哪種類型，減少水分和肥料的補充，都是培育多肉的重點。

夏季 成長的類型

在氣溫20至30℃的高溫期成長，春季與秋季成長緩慢，冬季則停止成長。

代表品種

青鎖龍屬（夏型）

龍舌蘭屬

蘆薈屬

大戟屬

天寶花屬

伽藍菜屬

岩桐屬

棒錘樹屬

虎尾蘭屬

仙人掌中，森林性仙人掌是特別會在高溫時期成長的類型。它們大多生長在石灰成分較多、標高較高的岩石地帶，附著在樹木或岩石上。由於生長在一年降雨量較少的區域，春秋季時要注意澆水量。

月	1	2	3	4	5	6	7	8	9	10	11	12
生長狀況		停止成長		逐漸開始成長			成長			成長逐漸趨緩	停止成長	
放置地點		日光充足的室內		日光充足的室內或通風良好的室外日照處		通風良好的室外日照處（依種類不同，梅雨季開始到9月中旬也可放置在陽光不會直射的明亮處）					日光充足的室內	
澆水		不澆水					土壤完全乾燥後，等待7至10天再一次澆足				不澆水	
肥料						兩個月施一次緩效性化學肥料（或一週施一次液體肥料）						
可進行的作業		換盆・分株・修剪	扦插・葉插									

冬季成長的類型

在5至20℃的溫度下會茁壯成長，但不耐會降霜的低溫。

代表品種

春桃玉屬

神風玉屬

肉錐花屬

石頭玉屬

白絨玉屬

帝玉屬

厚敦菊屬

豔姿屬

四海波屬

天女屬

千里光屬（冬型）

棒葉花屬

月	1	2	3	4	5	6	7	8	9	10	11	12
生長狀況		成長			成長逐漸趨緩			停止成長	逐漸開始成長			成長
放置地點		日光充足的室內				涼爽、明亮的日蔭處				通風良好的室外日照處	日光充足的室內	
澆水		土壤完全乾燥後，等待7至10天再一次澆足					不澆水		土壤完全乾燥後，等待7至10天再一次澆足			
肥料		兩個月施一次緩效性化學肥料（或一週施一次液體肥料）							兩個月施一次緩效性化學肥料（或一週施一次液體肥料）※想培育成紅葉的植株不必施肥			
可進行的作業		修剪・扦插・葉插								換盆・分株・修剪・扦插・葉插		

三種類型一起培育看看吧！

選擇容易培育的類型 組合在一起吧！

既然入手了各式各樣的多肉植物，
當然想一起種來欣賞囉！
這時候，
就將生長期相似的類型組合在一起。
多肉植物雖然依據生長期分成春秋型、夏型、冬型等，
不過只要將同樣類型的品種組合在一起，
不但較容易管理澆水量，
也能夠減少失敗。
無論如何都想將不同類型種在一起時，
只能將春秋型和夏型整合，
在夏季高溫期，要多加注意避免澆水過多。
冬型則避免和其他類型組合在一起，比較安全。

將碩大且有
魄力的品種，
配置在後方。

簡單款
不論和什麼品種
搭配都很適合。

將形狀相似，
但特色有些不同的
品種組合在一起，
整體形象比較一致。

石蓮屬

從古早時期便有人種植的好夥伴，
種類相當豐富。
非常喜歡陽光，
要放在日照充足的地方照顧。

朧月屬

非常強健，也很耐寒，
在關東地區以西的溫暖地帶，
即使冬季也可以欣賞到它的美麗身姿。

多肉植物雖然都很強健好種，不過像石蓮屬、朧月屬這類較不容易種失敗的類型，最適合推薦給第一次栽培多肉植物的人。只要有充足的水分和陽光，就能長得頭好壯壯。控制好澆水量，就能欣賞維持在同樣高度的姿態了。

11月中旬至2月、7月至9月中旬，不必澆水。

石蓮屬

高砂之翁

碩大而帶有紅色色彩的
葉片大膽地向外伸展，
增添活力的氣息。

石蓮屬

卡羅拉

帶著藍色的葉片，尖端染上些微紅色，
一次展現兩種不同的個性。

朧月屬

朧月

帶點藍色的清冷葉片很有魅力。

多肉植物的組盆方式

本篇要介紹將複數的植株組合成一盆的作法。
將一株植株種在一個盆缽中時，也是採用相同的作法。
組盆請在盛夏之外的時節進行。

材料

①土（市售的仙人掌、多肉植物用土）・②填土器・③盆底石・④盆底網・⑤盆缽。盆缽的尺寸大約是種植三株植株時，葉子會稍微突出盆外的大小最佳。

使用專用的土壤

市售的園藝專用土中，也有一般花草用的培養土，不過因為容易過濕，所以不適合多肉植物。還是使用左頁下方介紹的「仙人掌、多肉植物用土」。

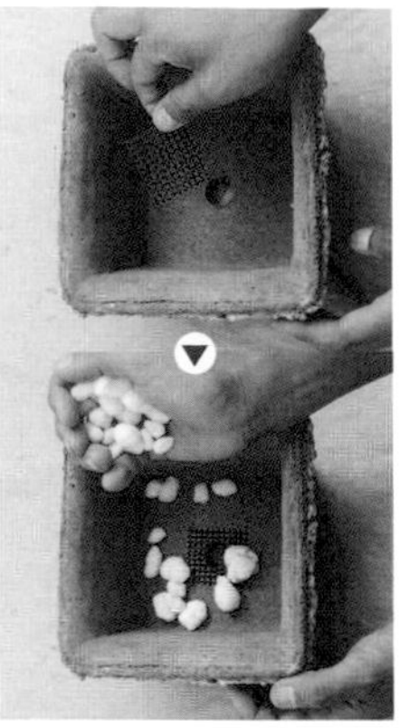

1

將盆底網放在盆底的孔洞上，放入盆底石至看不見盆底，使排水暢通。

2

放入土壤，至看不見盆底石為止。

3

將植株連同原盆放入盆缽中，決定好位置。土壤若太多或太少，便隨情況增減，調整成想要的高度。

此時可以先以完成時，盆緣距離土壤約有1公分左右的空間來進行配置，這樣在栽植好後，比較方便澆水。

4

將苗從原本的花盆中取下。不要一次將全部的苗株取出，一個個按照步驟3的位置擺放，可以避免變動位置。附著在根部的土，如果妨礙到組合，可以將該部分的土清除。

如果下方的葉子變黃或變褐色枯萎，要在栽植前取下。

5

將土填入縫隙間，填至離盆緣1公分左右的高度即完成。

栽植好後，
不用立刻澆水！
澆水要在種好
兩週後再澆
（只限成長期）。

組盆的管理

如果澆太多水，有些植株可能會快速長大，就無法欣賞到原本的姿態了。等其中一株的葉子稍微起皺時再澆水，可以避免植株胡亂生長，便能長期欣賞到原本的姿態。

盆器

不只花盆，
食器和罐子也可以當作盆器使用。

只要能裝入土壤，即使底部沒有孔洞，也可以當作盆器使用。若是底部沒有洞的盆器一定要依照P.15的要領，將殘留在底部的水分倒乾淨。土壤較少，多肉植物的根部較容易處於舒適而乾燥的狀態，因此不要使用過大的盆器，選擇直徑約為植株外圍大小的盆器較佳。

素燒盆（無上釉的盆缽）的土壤乾得很快，容易種植多肉植物。

馬口鐵罐不只可以直接種植多肉植物，也可以將買回來的植株直接放入，當作套盆使用。

馬口鐵盆器先開洞再使用

雜貨店販售的仿舊馬口鐵罐，也可以當作盆器使用。如果覺得倒水很麻煩，可以鐵鎚和釘子在底部打個洞，這樣一來，便可以使用和一般盆缽相同的澆水方式了。

直徑10cm的馬口鐵罐，打約10至12個小洞。

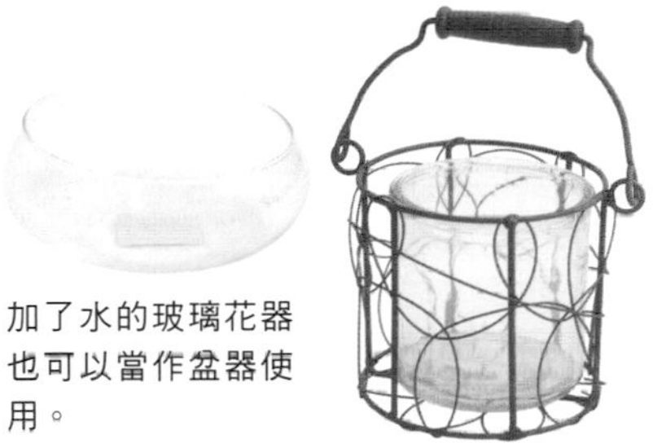

加了水的玻璃花器也可以當作盆器使用。

土

巧妙運用市售的土壤。

栽植時，務必在倒入土壤前先放入盆底石，以幫助排水。土壤不必一次買很多土來混合使用，可以直接使用市售的仙人掌、多肉植物用土。利用剪下的枝葉來繁殖時，可以使用扦插播種土（參考P.31）。

仙人掌&多肉植物用土

排水良好，含有適恰的肥料成分。

盆底石

以岩石發泡製成的大顆粒輕量石。放入盆底後，可以避免盆底因積水而過濕。

扦插播種土

通常比仙人掌、多肉植物用土稍微容易保水。因為這種土不含肥料成分，發根後，最好換成仙人掌、多肉植物用土，可以種得更好。

有著可愛細葉的景天屬

以容易栽植的景天屬打造色彩繽紛的組合盆栽

長滿細小葉片，外型可愛，
有著檸檬黃和銀色等豐富色彩層次，
非常有趣的景天屬。
在多雨的日本，有許多自生的品種，
比其他多肉植物更愛水，
只要將景天屬種在一起，
便不會失敗。

景天屬需要充分日照，注意澆水量

景天科的景天屬中，也有自生在多雨的日本的品種。適合日本氣候的品種很多，不只好照顧，色彩層次也相當豐富，非常有魅力。平常放在日照充足的地方，給予足夠的水分，但還是要注意在夏季時不可過濕。

生長在路邊的野生景天屬。

澆水要等土壤完全乾燥

景天屬雖然比較耐旱，但也比其他多肉植物更需要水分。水要等到土壤表面乾燥後再澆，充分澆到水從盆底流出來為止。因為澆水的頻率不同於其他多肉植物，所以將景天屬種在一起比較安全。

放在日照充足之處

充分曬到陽光的景天屬，葉子的顏色比較美麗，也會比較健康。雖然大多很耐寒，但也有不太耐寒的類型，如果不知道自己種的品種是什麼性質，冬天最好是放在室內照顧。

雖然如此，還是要注意水別澆太多

如果澆太多水，植株會變得軟趴趴的。5至6月氣溫和濕度一旦上升，植株便會急速成長。進入梅雨季後，要將盆栽放在不會淋到雨的地方，並停止澆水，讓土壤保持在乾燥狀態。

如果在夏天變得軟塌時放任不管，濕氣會傷害到植株，可以取出一半的土壤，使植株更通風。

株姿：匍匐性的圓葉景天很適合作為地被植物。
其他還有垂直生長的虹之玉、如花瓣般展開的粉蔓等各色品種。
放置地點：春・秋→日照處／夏→明亮的日蔭處／冬→屋內的向陽處

虹之玉

10cm左右的莖上，長滿紅色的葉子。由秋入冬後，葉子會漸漸染上紅色。

粉蔓

肥厚而短小的葉片層疊群生。

森村萬年草錦

淡綠色帶斑的葉子，表現柔和的形象。

松葉景天

芽株呈尖細狀，即使組盆也能展現存在感。

三色葉

氣溫下降後，會顯出鮮明的粉紅色斑。

森村萬年草

植株長滿纖細的嫩芽，質感柔軟蓬鬆。

磯小松（薄雪萬年草）

野生化的強韌品種。高度約為15至30cm，春季開花。

松綠綴化

綴化是指因成長點增加而形成的獨特外型之總稱。

綴化後的樹皮，看起來像是幅壯麗的風景。

銘月

特色是直立的莖和尖銳的黃綠色葉子。

黃金圓葉萬年草

帶檸檬黃色的葉子相當受歡迎的品種。

珍珠萬年草

細長的葉子和深淺不一的色澤相當美麗。

龍血

古典的暗紅色葉片相當有人氣。很容易購得。

日高

日本原產的景天屬。帶著白粉的圓形葉片密集生長。紅葉化後會變成紫紅色。開花時，淡紅色的小花會大量集中綻放。開花期是秋天。

圓葉萬年草

在地面匍匐蔓延開來。自生在日本本州和九州。花為黃色。

來繁殖看看吧！

簡單就能繁殖也是栽培多肉的樂趣

能夠在嚴苛的環境下生長的多肉植物，有著不放過一絲機會繁殖的能力。因為剪下的莖和葉都可以迅速長出根來，可以當作另一株植株栽種，再進行繁殖。

將多肉植物長亂的葉片剪下，放入裝有仙人掌、多肉植物用土的盒子中保存！只要定期澆水，就會生根了。

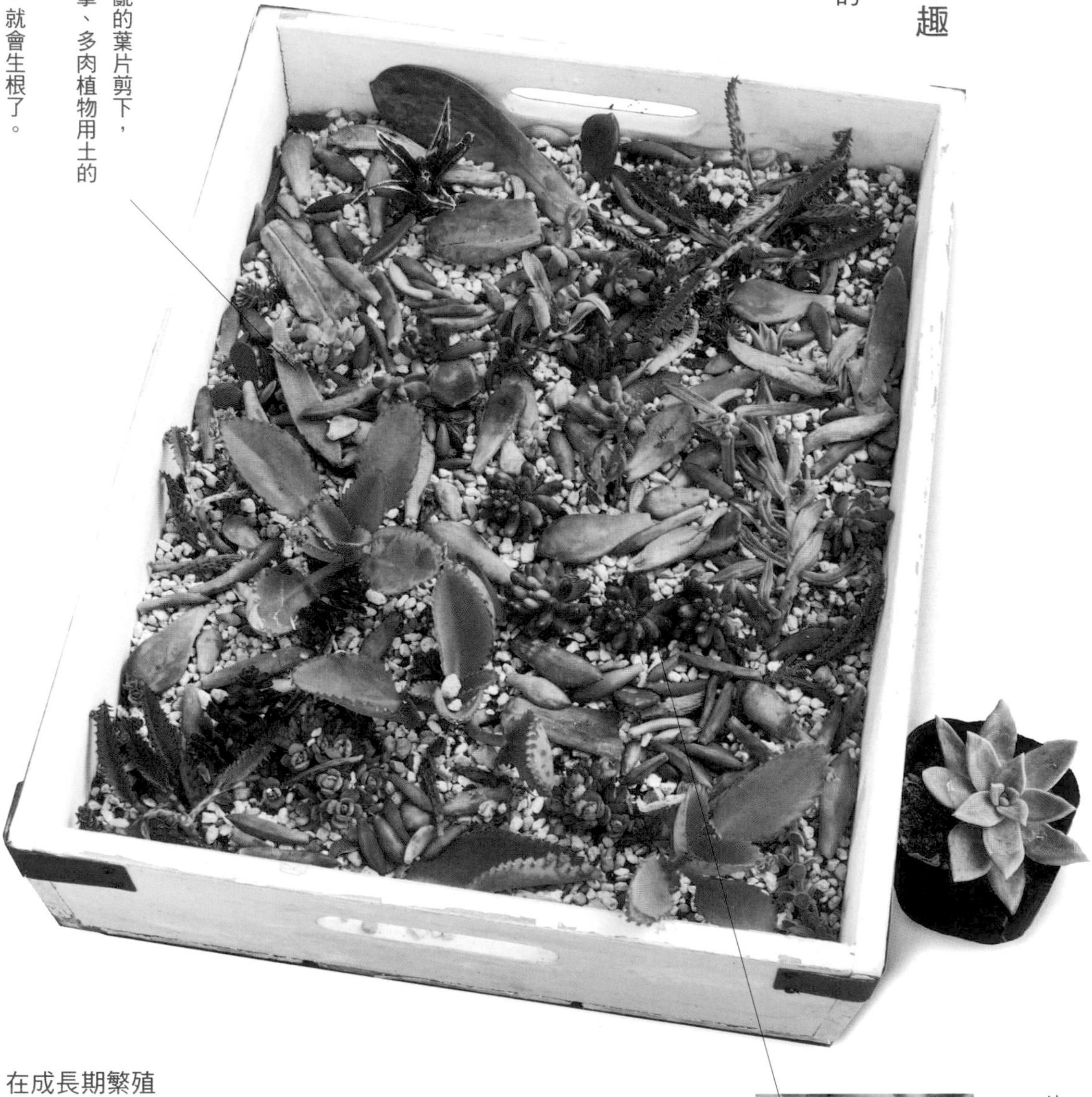

剪下後，放在箱子內的土壤上一個月的乙女心枝條。比剛剪下時長了不少的根。

新長出來的根

在成長期繁殖

想要繁殖多肉植物，最好在成長期進行。如果讓喜歡高溫的品種在寒冷時期繁殖，可能會因為沒有活力，導致根長不出來。將喜歡寒冷氣候的品種在高溫時繁殖也是一樣。

① 以剪下的莖繁殖「芽插・枝插」

修剪姿態已經變形的植株枝葉時，剪下來的莖進行繁殖，分別在成長時期進行。

景天屬 虹之玉錦

將剪下的莖（插穗）插入土壤中繁殖。

1

將莖從連接根剪下。

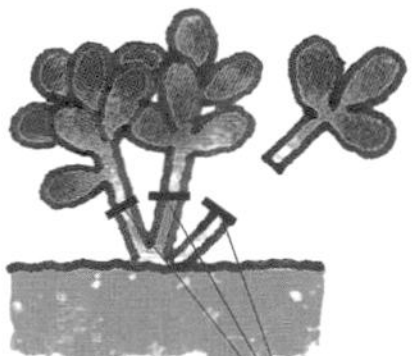

2

將莖的前端插入部分到土壤中，比較容易生根，如果莖太短，可以剪掉一些下方的葉子。

3

莖的長度有5mm至1cm就OK了。立刻插入土壤中會容易腐壞，先保持這樣的狀態放置一至兩週，讓它變成「插穗」。

4

待切口乾燥後，將扦插播種土倒入鋪有盆底網和盆底石的盆器中，插入插穗。莖的前端要埋入土壤中，可以從上方稍微輕壓。

5

生根後到植株變大、長滿盆，還要一段時間，一盆插這麼多的插穗也沒問題。大約在插好後兩星期左右再澆水即可。

之後的照顧方式

這裡為了方便管理，將三條枝插在同一個盆中，不過也可以一枝插一盆。待一個月左右生根後，再當作個別的植株照顧也可以。

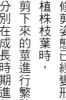

2 以摘下來的葉子進行繁殖的「葉插法」

將肥厚的葉片摘下，放在土壤上靜置便會生根，長成一棵全新的植株。按照多肉植物的生長期進行最佳。

朧月屬・秋麗

1 將植株下方較肥厚的葉片摘下。

2 依照P.31的作法，準備好裝有扦插播種土的盆缽，將摘下的葉子放在上面。待兩週後再開始澆水。

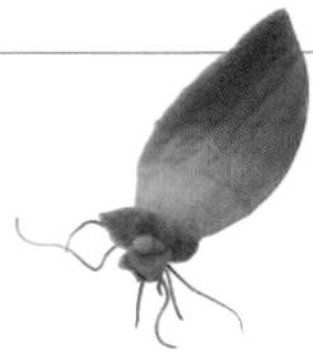

3 步驟2後再經過三天左右的樣子。從葉子的根部長出新的芽。芽的下方也生了根。生根後，就可以依照和其他植株同樣的方式照顧。

葉子邊緣開始長出子株（不定芽）的落地生根（伽藍菜屬），可以適用各種繁殖方法。

還有可以適用各種繁殖方式的品種

以葉片來繁殖

將從葉柄處剪下的葉子平放在土壤上。

將葉柄插入土壤中，也會從埋入土中的部分開始發根，形成新的植株。

葉子邊緣的子株也可以繁殖

將生長在葉子邊緣的子株撒在土壤上，會長成一棵一棵的新植株。

從子株生根的模樣

上面的圖片是將長在葉子邊緣的子株放在土壤上，生根後的模樣。雖然是直徑不到10mm的小子株，經過一個月的時間，也會生根長大。

3 從母株旁長出子株來繁殖的「分株」

不是向上生長，而是從側邊長出子株的類型適用的繁殖法。按照多肉植物的生長期進行最佳。

鷹爪草屬・姬玉露

不會向上生長，而是從側邊長出新的子株，因為已經爆盆了，所以要進行分株。

1

將植株從盆中取出。植株長到這樣的狀態時，應該在盆中生滿了根。

2

將土拍除，根部整理鬆散後，新長的子株會自然散開。從散開的地方將它們分開。

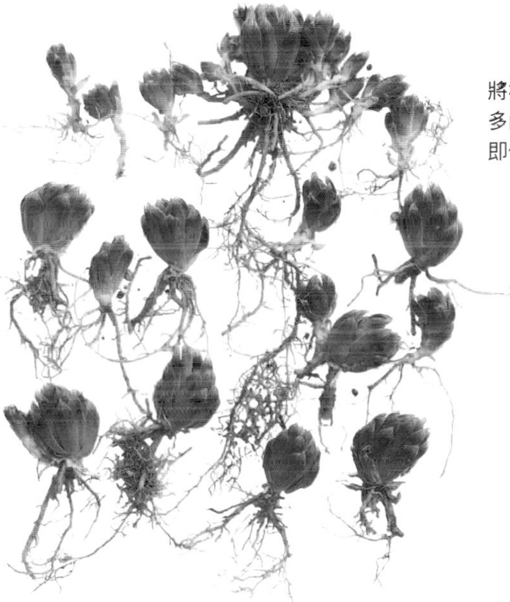

3

將植株分好的樣子。植株較大、根較多的子株，種植後會成長得比較快。即使沒有根，種好後也會長出來。

4 將變色的葉子摘除。

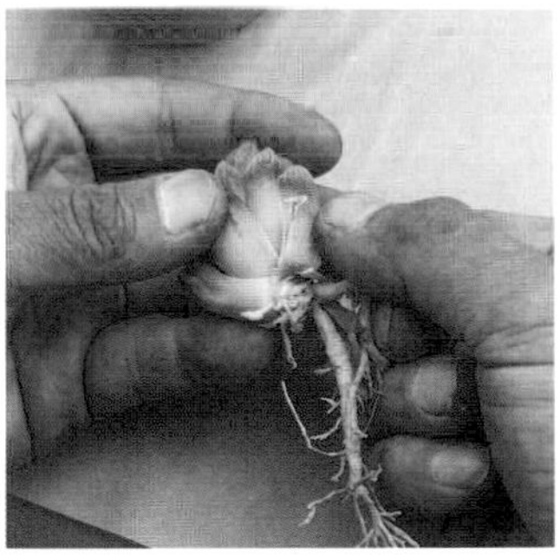

5

放入盆底網、盆底石，倒入仙人掌、多肉植物用土，將植株配置好。

6

將土填滿到離盆邊約5至7㎜的高度。剛種好後的兩週內不要澆水。

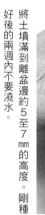

繁殖仙人掌

以枝插法來繁殖看看吧！

仙人掌也可以切下來的部分和分出的子株，以枝插法來進行繁殖。

胴切扦插法

如下方圖片所示，將前端部分切下，當作一棵新的植株繁殖。原本的植株可以繼續生長。

切口乾後再插入土中

切開！

原本的植株會繼續生長

圓筒仙人掌屬

原本的植株會變成這樣

原本的植株會繼續生長。如果從切口處長出子株，也可以該子株來進行繁殖。

1

切下來的前端部分，一至兩週不要澆水，讓切口乾燥，再像圖片（右）一樣將底部插入扦插播種土中。插好兩週後再開始澆水。

2 插枝後經過一個半月後的樣子。長出1cm以上的根。

分株扦插法

將從植株底部、中間長出的子株，以小刀切下來繁殖。
同插枝法，切下來的子株要等切口乾後才可以進行種植。

長在母株周圍的子株

金松玉

從母株切下的子株。可以小刀切下，或以手折下來。作法和插枝法一樣，等一至兩週切口乾後，再進行種植，種好後兩週再開始澆水。

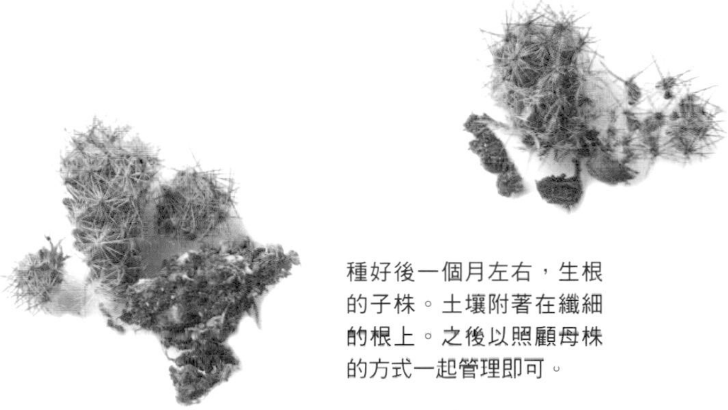

種好後一個月左右，生根的子株。土壤附著在纖細的根上。之後以照顧母株的方式一起管理即可。

仙人掌的播種法

仙人掌也可以播種法繁殖。

使用及小顆赤玉土或扦插播種土，在6至8月時撒種。圖為播種後經過四個月左右的雪光屬・雪晃。在長出非常嬌小的對葉後，便會開始長出和母株一樣的尖刺。

以分株和扦插法調整植株的姿態

將長大的植株分株或扦插，可以調整植株的姿態。這個動作稱為修剪，需在生長期進行。

虎尾蘭屬的換盆＆分株

側邊長出新的植株時，可以藉由分株的方式，調整植株的姿態。
本篇就來介紹將虎尾蘭分株以調整外型的方法。

1 這是一株健康的虎尾蘭。因為長滿了根，必須換盆才能長得更好。因為已經長了子株，所以要將子株分開，再換到新的盆中。如果沒有子株，也可以將土拍乾淨後，直接換盆。

材料
盆底網×2・盆底石・盆缽（和原本一樣大小的盆缽×1・小一號的盆缽×1）。

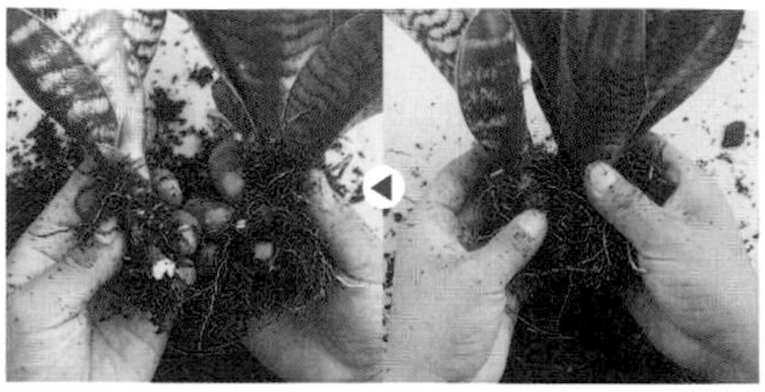

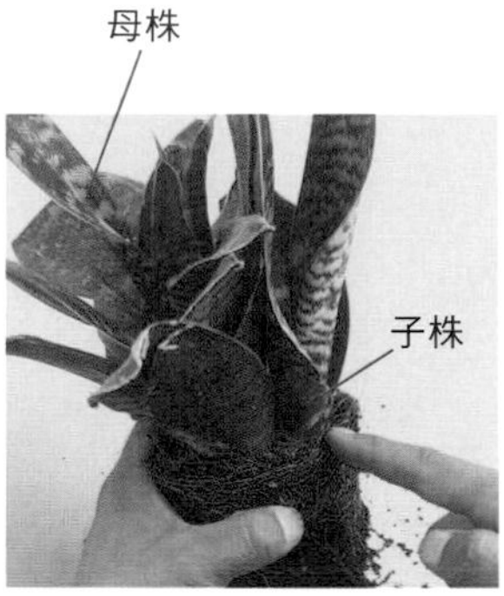

直立在植株中央的是母株（原本的植株）。從右側長出了子株（新生的植株）。將子株移到別的盆中種植，可以讓母株恢復清爽的姿態。

2 虎尾蘭的子株和母株是連結在地下莖（長入土中的莖）上。從地下莖的中間位置分開。如果以手很難分開，可以剪刀剪下。

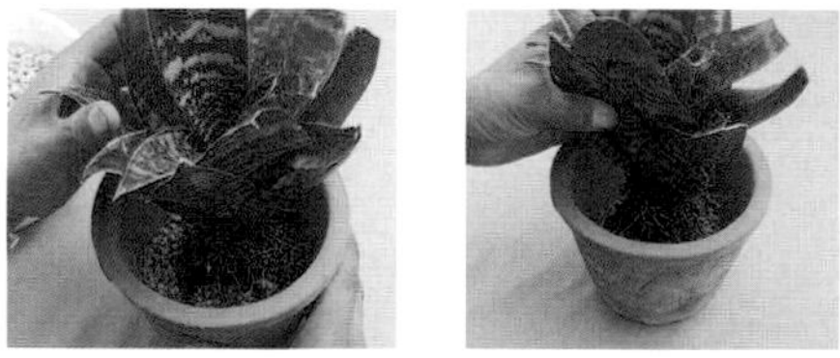

3 將土拍掉八成左右，去除泛黑、損傷的根後，再重新種植。盆內要放入盆底網和盆底石，再加入少許土壤以調整高度。將植株埋到可以全部埋入土中的程度。大的植株種入大的盆中，小的植株種入小的盆中。

4 土填到離盆邊約5至7mm左右的高度，就完成了！兩週後再澆水。

也可以葉插法繁殖

上面的作法是分開子株來繁殖，不過虎尾蘭也可以利用葉子插入土中繁殖（葉插法）。作法很簡單。從想繁殖的植株上剪下一片葉子，待切口完全乾燥後，再將切口埋入扦插播種土中即可。當然也可以剪葉尖來插，不過取整片健康的葉子，成功率比較高。在剪或摘之後，讓切口完全乾燥再插，成功率會更高。
要將帶斑品種進行葉插法時，要注意新長出的植株是不會帶斑的。

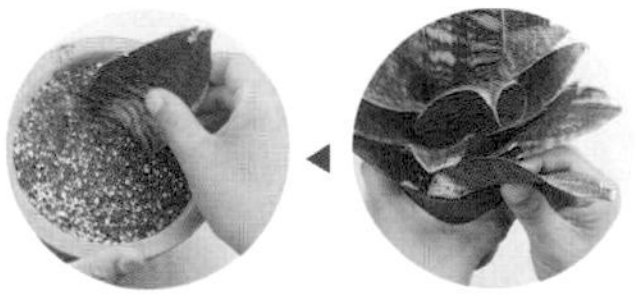

將葉片從葉柄摘下，放置一週待切口乾燥後，再將切口插入土壤中。

只剪下葉子的前端扦插，也能夠成功繁殖。

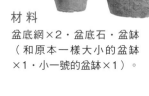

蘆薈屬的修剪＆扦插

將長得太高的蘆薈修剪乾淨，重新整理。
剪下來的部分就拿來繁殖看看吧！
石蓮屬和朧月屬等莖能夠長得很高的類型，
也可以同樣的方式修剪。

材料　盆缽、盆底石、盆底網、仙人掌多肉植物用土、扦插撥種土。

1
放任不管便長成如此高大的木立蘆薈。可以按照喜好將長亂的地方修剪掉。這邊是將長得太高的莖剪下，並且換盆。

2　將冒出盆底的根剪掉。

3
將植株從盆中取出。如果根纏得太緊拿不出來，可以將盆缽剪開再取出。

4
將土拍掉，剪掉長太長的根，整理乾淨。

5　將植株放入裝有盆底網和盆底石的盆缽中，填入多肉植物用土。

6　土填到離盆邊約1cm左右的高度即完成。種好後，約過兩週左右再澆水。

7　將步驟1剪下的莖剪齊，暫放在不會碰到水的地方，待切口乾燥。乾燥後，摘除下方的葉子，插入高度到盆邊1cm的扦插播種土中。一個月左右就會生根，長成新的植株。

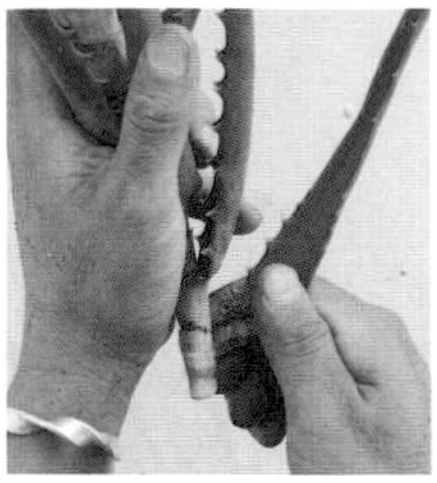

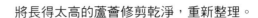

專賣店達人來解答

多肉植物的正確選購方式

靏岡秀明

創業於昭和8年的仙人掌、多肉植物老店鶴仙園的第三代老闆。位於池袋西武百貨頂樓的店鋪中，隨時保持有多達1000種以上的多肉植物。喜歡衝浪，在駒込的總店中，同時設有「衝浪用品店SABO10」。

Q 在哪裡購買比較好呢？

A **在專賣店購買最好！**

到有溫室、戶外等充足日照的環境下管理、販賣的專賣店買吧！在良好環境下生長的多肉植物，帶回家後也比較不會有問題。

Q 如果想在沒有日照的室內賣場購買呢？

A **讓植物慢慢適應陽光。**

放置在沒有日光照射處的多肉植物，可能外型會不好看，或比較虛弱。

購買後，雖然應該放在日照充足的地方，但如果一下子接受陽光直射，可能會引發表面燒傷枯黃的「葉燒」症狀。先放在明亮的窗邊一週左右，讓植物適應後，再移至各個種類喜愛的環境，比較安心。

Q 買回家之後該作些什麼呢？

A **第一件事，就是給予充足的陽光。**

因為多肉植物非常喜歡陽光，充分沐浴在陽光下，是最最重要的事。請為它們打造一個能曬到充足陽光的環境。

Q 第一次去專賣店該注意什麼呢？

A

想好要購買的多肉植物之後，可以直接向店家詢問看看。

盡量先查好想買什麼樣的多肉植物，再去店裡看。有了基礎知識，店家更能詳細地指導栽培的重點。

另外，溫室不一定都是開放參觀的。直接詢問店家「可以看一下溫室嗎？」如果是個人經營的店，有可能老闆剛好不在，事先打個電話確認一下比較保險。

Q 有推薦給初學者栽培的多肉植物嗎？

A

我推薦耐寒的品種。

景天屬、石蓮屬、鷹爪草屬等耐寒的品種，通常比較強韌好栽培。

Q 購買時有哪些注意事項？

A

實際確認植株的狀態。

實際拿起來仔細看看，確定都沒問題後再買是最好的，不過拿起來後，請不要隨意放到別的位置，或以手指按壓破壞植株。

有些店家可能會將日照不足或過濕的多肉植物，和健康的多肉植物擺在一起。這樣的多肉植物，買回家也不會健康長大。選定想要的多肉植物後，如果能夠學會判斷哪個植株的狀態比較好就更好了。

Q 多肉植物，應該可以裝飾在家裡吧？

A 基本上要放在室外管理。

還是放在日照充足，通風良好的室外環境，比較能夠長得顏色鮮明、健康漂亮。如果想當作室內裝飾欣賞，建議平常還是放在室外，等到有客人來訪或必要的時刻再裝飾在室內。例如有三株多肉植物時，可以將一株放在室內，另兩株放在室外，每一至兩天輪流交換，也是一種方法。

Q 多肉植物明明強韌不易枯萎，卻養死了好幾次……

A 可能的原因有兩個。根部腐爛和日照不足。

多肉植物是屬於乾燥地帶的植物，很少會因為水量不足而導致死亡，但如果按照一般花草的頻率來澆水，盆內會形成過濕狀態，導致根部腐爛。

如果日照不足，便無法進行光合作用，導致植株全體褪色。想要多肉植物長得健康漂亮，放在日照充足的地方照顧是最重要的。

Q 多肉植物可以使用水耕栽培嗎？

A 不建議這麼作。

最近經常看到放入玻璃容器中，以水耕栽培的仙人掌。因為能夠欣賞到魄力十足的仙人掌露出根部的模樣，看起來十分美觀，但其實很不建議這麼作。這會讓人以為多肉植物可以像插花一樣的方式來欣賞。

多肉植物在不適合生長的溫度環境中，會停止生長。這時候如果根部處於過濕狀態，很容易就會腐壞枯萎。若時常為它整頓適合生長的溫度、日照、通風環境，雖然可以長久欣賞，不過需要非常細緻的準備工作。

搭配容器組合

蛋殼也可以成為盆器
簡單就能製作的
二次利用擺飾

多肉植物小小的盆苗或折斷的莖、從葉緣冒出的新芽……沒有大到能放入一般盆缽的小植株，放入蛋殼中，顯得恰到好處。彷彿就像是從蛋中而生的植物。

長在小小蛋殼中的多肉植物和仙人掌

蛋殼擺飾的製作方法

將多肉種入蛋殼中即可，
請在盛夏之外的時節進行。

材料

蛋盒
蛋殼 6個
仙人掌・多肉植物用土
仙人掌的子株（已生根）。

1
在雞蛋上方開一個約食指大小的小洞，倒出中央的蛋液。

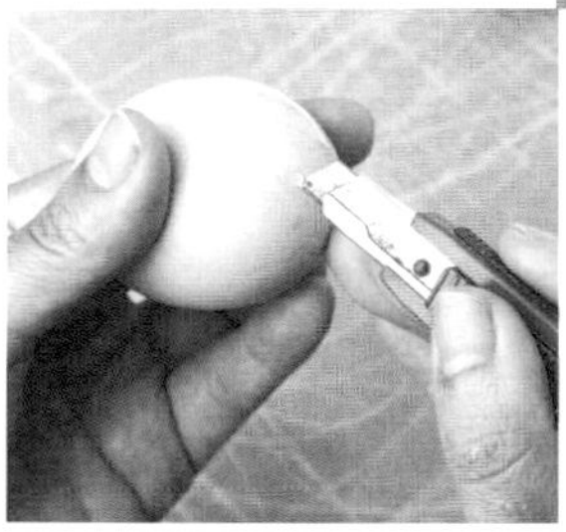

2
以食指從蛋殼內部固定，將另一頭以美工刀開一個5mm左右的排水孔。

3 確認多肉植物或仙人掌的盆苗苗根，去除老舊的根。
不論是多肉植物的葉片或仙人掌子株，都使用已發根的植株。

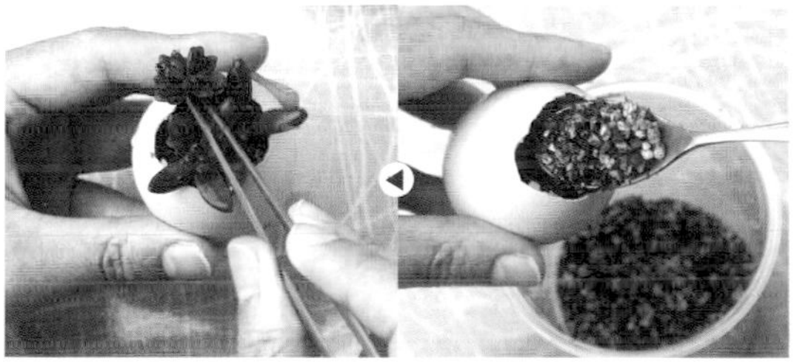

4 將培養土倒入蛋殼中，小苗以夾子夾進去。最後以培養土填滿縫隙即完成。

如果要放在照不到陽光的地方，要多注意隨時變換蛋殼的位置或方向，避免植株成長的方向偏移。

素燒盆缽和多肉的組合

如同小型藝術插花般，埋入花器中的多肉植物。使用培養土會很容易散開，不過改用硬土（參考P.15），就能在固定的狀態下生長了。

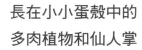

酒瓶的軟木塞
也可以種多肉植物

直徑不到２cm的軟木塞，也可以種多肉植物。將軟木塞開個不會破裂的小洞，填入土壤，插入剪下來的枝條，再以土輕輕將縫隙填滿即可。比起單用一個裝飾，多作幾個排在一起，看起來會更有意思。

種好後經過一年的狀態。

剪一塊較大的軟木墊黏在軟木塞下方，會比較穩固。黏著劑可以使用市售的木工用黏膠，或將專用的棒狀黏著劑加熱後黏著的熱熔膠（熱熔膠槍）。

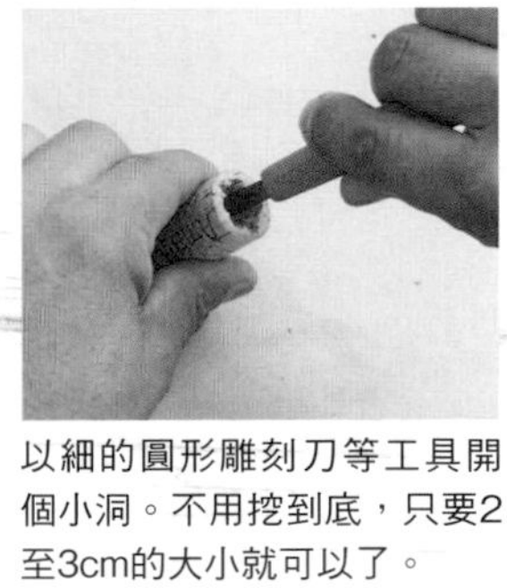

以細的圓形雕刻刀等工具開個小洞。不用挖到底，只要2至3cm的大小就可以了。

起司盒也是漂亮的盆器

將多肉種在紙製的起司盒中，將盒蓋變成設計的一部分，裝飾起來吧！

利用信盒
作牆面裝飾

用來放信件的信盒，是可以裝飾在牆面的盆器。看起來會更有意思的是，分成好幾層的信插。

只要放入土壤，連這些物品也可以變身盆器

多肉植物和一般植物比起來，因為澆水的頻率極少，所以木製品等濕了就容易壞的材質，也可以作為盆器使用。

種在迷你的
單輪車擺飾中
為架子增色

雜貨店販售的這類小物，也可以當作盆器使用。

栽種好後的照顧方法

種好後先放在日蔭處一週左右，再放到日照充足的位置，過一週後再開始澆水。依照P.14的「澆水訣竅」來澆水吧！不方便澆水的盆器，可以使用噴霧器將植株底部噴濕，或噴在整棵植株上。施肥可按照和澆水同樣的方式，每個月一次，給予一般稀釋標準再稀兩三倍的液體肥料。

只須少許的土

便能自由自在地栽種

栽種多肉植物，就算只有少許的土也沒問題。
只要注意別讓植株之間積水，
種密一點也沒關係。
以各種容器來種種看吧！

搭配模型組合
打造特別的場景吧！

只要土壤不會散開，不是盆器的小物也可以當作盆器使用。這邊就以稍微有點老舊的卡車模型貨艙，當作盆器使用。將貨艙的底部打個洞，使水能夠排出。

預先將調好的硬土（參考P.15）放入貨艙中，裝到邊緣，再以小夾子將多肉種入。先以小夾子的前端挖個小洞，再將植株種入即可。

會長出很多莖葉的朧月屬・石蓮屬・星美人屬比較好用。鷹爪草屬等塊狀的品種就比較不適合。

從多肉植物的莖上取下需要使用的量，放置一週左右讓其乾燥。約一個月後會開始生根。生根之前很容易拔起來，要小心。

澆水的訣竅

種好後兩週內先不要澆水。兩週後，等到土完全乾燥了再澆。如果從上往植株澆，可能會將插穗沖走，直接將水澆進盆器中，潤濕土壤就好。肥料使用比一般稀釋標準再稀兩三倍的液體肥料，大約每個月澆一次。

裝飾在牆上吧！

只要吊在牆上裝飾，
就不愁沒有
擺放的地方囉！

1 多肉滿滿花圈

將整棵植株直接種入其中所培育的花圈。

能夠長久欣賞的新鮮多肉花圈

最近經常能看到可用於組合盆栽的花圈形盆器。可以吊著，也可以立著裝飾，土壤比一般的盆缽更容易乾，是很適合多肉植物的盆器。

使用小型的花圈形盆器

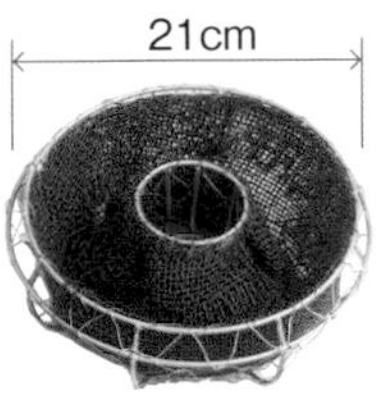

使用可以種植且欣賞花草風姿的花圈形盆器。不過由於多肉植物並不會長得很大，所以使用小型的盆器。直徑21cm的最合適。

1
多肉滿滿花圈的作法

將土壤表面覆蓋一層水苔，
以鐵絲固定起來。
在盛夏以外的季節進行。

材 料

①花圈形盆器 ②仙人掌・多肉植物用土 ③花藝用鐵絲 ④水苔 ⑤各種多肉植物

星美人屬 月美人・朧月屬 朧月・景天屬 火祭等10種。

1 將土倒入盆器中約五分滿。

2 將植株盆栽放入盆器中，決定好大概的位置。只要確定好體型較大，或外型色彩較有特色的植株大約的位置就可以了。

3 土壤倒入約七分滿的高度，將根部已經拍掉土壤的植株，依序插入盆器中。中間有空隙，就放入小型的植株填滿。

4
全部扦插完畢後，將水苔塞入植株的縫隙中。將鐵絲由中央的孔洞隱密地往外繞，固定好水苔後即完成。

完成！

花圈的澆水方式

作好後兩週再開始澆水。直接澆水，水可能會沖散土壤或水苔，最好將盆器浸在水中，使土壤吸水。P.50使用鐵桶製作的垂吊花飾也是同樣的方式。肥料使用比一般稀釋標準再稀兩三倍的液體肥料，依同樣的方式施肥。

原本用來放置物品
的馬口鐵水桶，
也可以作成這種
擺飾。

將使用鐵絲網和專用土作成的底座，
固定在鐵桶的上緣，
就完成了這個有些特別的植物擺飾。

2 多肉植物鐵桶垂吊花飾

以網子將土壤包起來，作成底座，
即使沒有盆缽，
也可以種多肉植物。

2 多肉植物鐵桶垂吊花飾的作法

只要使用以網子包成的「底座」，
就可以裝飾在各種地方。
將成長期相同的多肉集合起來，
並在成長期製作吧！

材料

馬口鐵水桶（深11cm・直徑27cm左右）・②水苔・③鐵絲網（龜甲網直徑035mm・長度80cm左右）・鐵網（網目約1cm左右大小。建議使用外層有鍍塑膠膜的鐵網，比較不容易生鏽。）・⑤仙人掌・多肉植物用土・⑥各種多肉植物。

景天屬 銘月・伽藍菜屬 月兔耳・青鎖龍屬 星之王子等8種。

將多肉植物剪下來的莖葉，按照插枝法的要領（P.31）種植。莖葉剪下後，先放置一週讓切口乾燥。水苔在使用前先浸濕，輕輕擰乾備用。

3

決定好要放底座的位置，在選定的位置上將鐵桶開個洞。兩個洞為一組，間隔5cm左右，共開兩組。

4

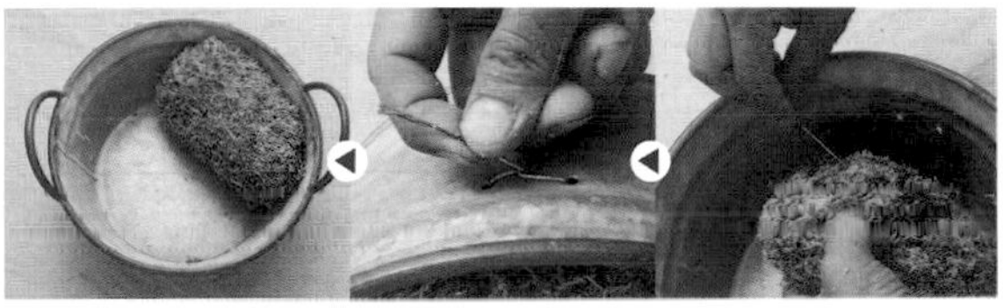

將鐵絲從開好的洞中穿過，繞進網子的孔洞中，再從另一個洞穿出來，在外側旋轉固定。

5

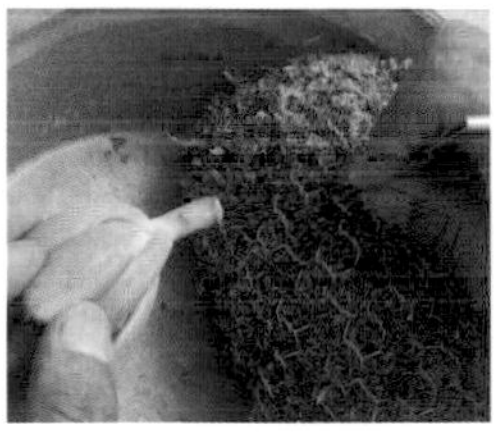

以免洗筷或鑷子等在水苔上鑿洞，插入多肉植物的莖。插好後，再以免洗筷將周圍的土壓平，多壓幾次就不會容易脫落了。

6

一開始先決定好主要大植株的配置，並將它種好。

7

一邊調整平衡，一邊配置陪襯的小植株或其他有特色的植株。

完成！

完成後，過了兩週再澆水。澆水時，先將水倒在另一個水桶中，注意不要讓插穗脫落，小心地將整個盆器浸在水中，讓水苔吸飽水分。肥料使用比一般稀釋標準再兩三倍的液體肥料，每個月一次，代替澆水用的水。

底座的作法

1

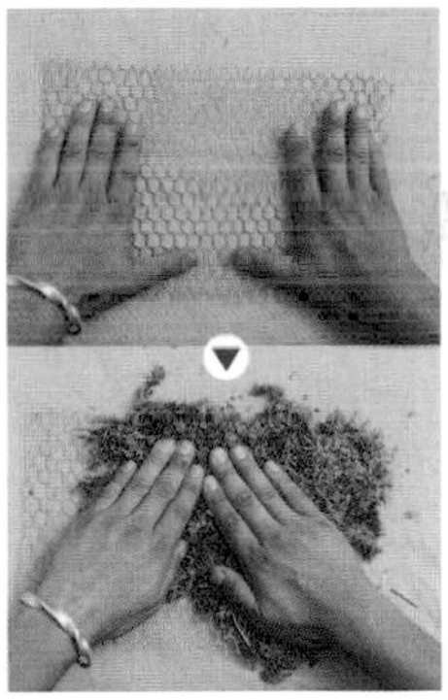

將厚度約1cm左右的水苔，平鋪在剪成25cm平方的四方型鐵網上。因為使用水苔，不但可以防止土壤散落，之後多肉植物的插穗也比較好扦插。

2

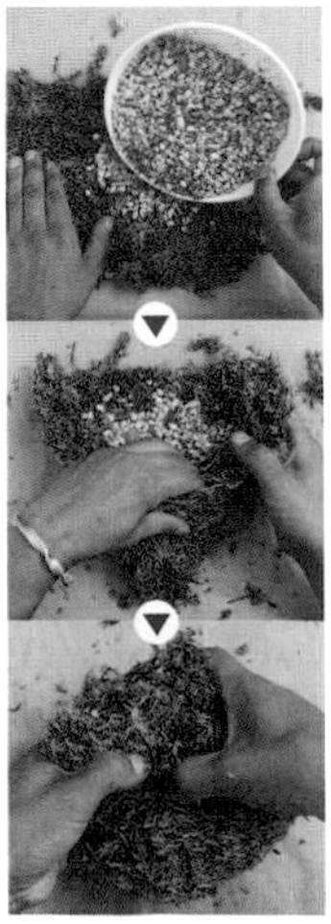

在水苔的中央倒入土壤，以網子將整個水苔包起來。若包不起來，可以適量拿掉一些土。以鐵絲將網子兩端固定住。如果水苔沒有固定好，之後插入的莖葉會容易脫落，土壤也會容易散開，所以一定要完全固定好。

季節的樂趣

多肉植物也有四季風情

外觀看起來沒什麼變化的多肉植物，
其實也能確切地感覺到不同季節的變化，
在季節轉換時，它們會展現出不同以往的風姿。
欣賞這些變化，也是種植多肉植物的樂趣之一。

開花

好好照顧
會開出水亮動人的花

多肉植物中，能夠欣賞花朵的也不在少數。紅色・粉紅色・黃色或白色等，花色鮮明的多肉植物相當多。從堅硬的葉片或枝幹間，開始冒出色彩艷麗的花朵，看起來特別美麗。

肉錐花屬
開花期為10至12月

大戟屬
開花期為10至5月

天寶花屬
開花期為5至7月

棒錘樹屬
開花期為4至7月

石蓮屬
開花期為4至6月

休眠

變成只有根或莖的狀態
稍作休息

如笑布袋屬（圖左）般有著粗糙根莖的品種，在成長期會長出水嫩嫩的葉子，但若到了不適合生長的氣候，便會掉落葉子，進行休眠。雖然看起來有點寂寥，但是外表看起來就像是只有莖的擺飾一般，也別有一番風味。

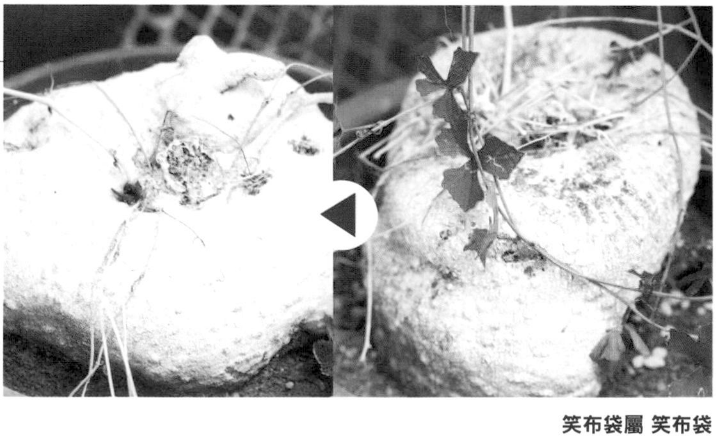

笑布袋屬 笑布袋

紅葉

氣溫下降後，葉子染上新色的品種

景天屬・虹之玉等品種，一旦冬天來臨，氣溫開始下降後，就會轉為紅葉。在春秋等溫暖的季節成長的類型，當氣溫下降，葉子隨之變色的品種非常多。但如果土壤中的肥料過多，就不會變成漂亮的紅葉。想要欣賞紅葉，10月之後便不要施肥比較好。

景天屬・虹之玉
10月以後
轉為紅葉

棒錘樹屬
10月左右落葉

落葉

顏色變換後開始落葉

比較起來，葉子比較薄的類型，到了休眠期（停止生長的時期）就會變色且葉子會掉落。葉子掉落後，只剩下枝幹或根，一直休息到適合生長的季節再次來臨。

右邊是虎尾蘭屬 姬葉虎尾蘭・中後方為虎尾蘭屬虎尾蘭・中前方為虎尾蘭屬 小武士・左邊是虎尾蘭屬 佛手虎尾蘭。

春季的管理重點

春天是進行各種作業的最佳時機。
也是大多數在冬季停止生長的多肉植物，開始活動的時期。
春天來臨後，就來改變一下照顧這些品種的方式吧！
在冬季成長的品種，此時則是到了要休息的時期，
順便幫它們換個地方放置吧！

春秋型 可以開始慢慢澆水

進入三月後，就先從開始長芽的盆栽澆水吧！為停止生長的植株澆水，是害根部受傷的原因，請不要一次將全部的盆栽都澆水。冬型可以一直澆大量的水直到四月，但要慢慢將間隔拉開。夏型則直到五月為止都不澆水。

四月是春秋型&夏型修剪的絕佳時機！

在其他季節容易失敗的工作，只要在四月的溫暖日子裡進行，就能夠順利操作。如果想為春秋型・夏型的植株進行修剪徒長的莖葉、以剪下的莖扦插繁殖或分株等修護工作，最建議在四月中進行。先確認天氣預報，在連續晴天的日子進行吧！

注意晚霜！

四月後天氣漸暖，但還是有可能會有回寒降霜的「晚霜」現象。事先確認好天氣預報，可能會低溫或降霜的時候，晚上要記得將多肉植物放回屋內。

直到初夏時節，都要充分沐浴陽光

由冬轉春的和煦陽光，對許多多肉植物來說，是強弱恰到好處的光線。當天氣漸漸回暖時，可以將放在家中避寒的盆栽拿到屋外，讓它們充分沐浴到陽光。

另也有像冬型等氣溫上升便會停止生長的種類。若是停止生長的植株照射到強烈陽光，可能會枯萎，只有在中午前移動到會照到陽光的明亮窗邊吧！

春秋型&冬型・要放在不會淋到雨的地方

放置在室內，比較不耐寒的品種，春天來時也可以將它們放到屋外照顧。在成長期放到屋外等較明亮的地方，植株會長得比較健全，但問題是雨。多肉植物大多喜歡乾燥的環境，如果經常淋雨，根部會容易受傷而枯萎。要移動到屋外時，為了讓植株能自行調節水分，將它們放在不會淋到雨的屋簷下吧！

在停止生長的時期澆水，會傷害到根部。想要將夏季會停止生長的植株放在屋外時，一定要將多肉放在不會被雨淋到的地方。

肥料

要施肥
謹記「盡量控制」這個祕訣

多肉植物其實不太需要肥料。成長期的初期和中期只需要錠狀的緩效性化學肥料就足夠了。夏天天氣熱時，如果土壤中的肥料太多，會傷害到根部，若是連續幾天氣溫都超過30℃時，就先將肥料取出吧！等到溫度降低時再施肥。

錠狀的肥料要放在盆缽的邊緣。在成長期，每兩個月施肥一次。使用液體肥料，一週施肥一次。

使用市售的花草用肥料即可。

夏季的管理重點

日本的夏季是多肉植物較不喜歡的高濕度時期。在這個時期，除了停止生長的春秋型和冬型，耐熱的夏型也要多多注意它們的狀態。

夏型的土乾後給予滿滿的水分

夏型多肉植物即使天氣熱也會繼續生長，所以土壤表面乾燥後，就要補充大量的水分。不過，正中午或氣溫最高的時段，如果葉子濕濕的，會因為水分變成蒸氣而受傷。澆水最好在溫度較低的傍晚或晚上進行。如果附近有休眠中的春秋型或冬型，可能會沾到水。為了避免休眠中的植株淋到水，最好將它們放在比較遠的地方。

休眠中的春秋型&冬型・放在涼爽的地點管理

春秋型和冬型等會在高溫期休眠的品種，就將它們放在不會照射到直射陽光且通風的地方休息吧！休眠中的植株，因為根部沒有在活動，如果土壤濕濕，根部會形成過濕狀態，導致受傷。所以一定要將它們移動到不會淋到雨的地方。

夏型要充分沐浴陽光

大多數的夏型要放在戶外，讓它充分曬到太陽。不過像青鎖龍屬或銀波錦屬等不需要強烈陽光的品種，可以放在明亮的日蔭處，或只會在中午前曬到太陽的地方。為了避免熱氣和濕度無法散發，導致植株受傷，盆與盆之間要隔開適當的距離。

以風扇保持通風

多肉植物通常生長在乾燥的環境中，濕度高的日本夏季，連喜歡高溫的夏型也很辛苦。無法完全保持通風時，也可以使用電風扇等讓空氣流通。

只有生長中的夏型需要施肥

蓬勃生長的夏型植株可以每兩個月施一次緩效性化學肥料（N-P-K=12-12-12等），每次使用標準量的一半。液體肥料（N-P-K=6-10-5等）則稀釋成標準倍率的兩倍，每週施一次。休眠中的春秋型＆冬型則不施肥。春秋型從逐漸開始休眠的六月左右，就要控制施肥量了。這個時期如果施肥，會造成植株在夏天時徒長。

以灑水和噴葉水順利度過夏天

喜歡夏天的夏型，也受不了熱帶的夜晚。放在涼爽位置的春秋型和冬型也是一樣，夜晚時可以在盆缽周圍灑水，讓周邊的溫度下降。約兩週一次，以噴霧器將葉子表面噴濕。冬型之中，如肉錐花屬、厚敦菊屬、棒葉花屬等特別耐旱的品種，就放在日蔭處管理，不必在葉子上噴水。

秋季的管理重點

進入九月，氣溫下降後，
原本蓬勃生長的夏型，生長速度也會逐漸趨緩，
而春秋型和冬型則會開始成長。
和春季一樣，秋季也是多數多肉植物活力充沛的時期。

夏型 要以休眠的方式管理

夏型到了九月下旬後，要開始慢慢拉長澆水的間隔，十一月開始停止澆水。變冷後放在室內管理時，減少為每兩週在葉子上噴一次水即可。這樣可以防止植株在春天來臨前徒長。

春秋型重新開始澆水

此時可以為夏季休眠的春秋型中，再次開始生長的植株澆水，同時為了讓它們慢慢適應較強的日照，將它們移到日照處。可以施肥，但是要注意，如果幫會變成紅葉的品種施肥，它就不會變成紅葉了。水如果澆太多，雖然不會變成漂亮的紅葉，但植株會長得較強健。要如何澆水就依喜好來控制吧！

冬型也開始生長！

夜晚的氣溫降到20℃以下後，冬型也會開始成長。所以就開始澆水吧！但是要小心如果在夜溫高的時候澆水，可能會因為蒸傷而腐爛。秋季也是冬型的石頭玉屬開始脫皮的時期。

夏型換盆要趁早

繼續生長的夏型可以進行換盆、分株、扦插等作業，但夜溫降至20℃以下後，根和芽的生長就會衰弱，即使進行上述作業，在入冬前也不會成長。這會造成植株過冬失敗，因此這些作業要在九月中旬以前完成。

春秋型&冬型換盆要在九月中旬後

天氣漸涼後，春秋型・冬型便會開始繼續生長。這些類型可以在九月下旬以後進行換盆、分株、扦插等作業。生長不良・澆水也無法回復的植株，有可能是根部在夏季期間腐爛了，可以藉由換盆將受傷的根或老葉清除乾淨。

為可以吸收肥料的植株施肥

九月時為夏型補充充分的肥料，來儲存過冬的體力吧！春秋型在生長期間・冬型在開始生長時補充肥料。會變成紅葉的品種，如果肥料長期補充太多養分，紅葉的顏色就會變差，因此九月開始就要停止施肥。為剛換好盆的植株施肥，根可能會長不好。等到新芽長大後再開始施肥吧！

冬季的管理重點

夏型&春秋型開始休眠，冬型則是繼續成長的季節。大部分的種類要放在室內管理。

左起為有星屬 兜丸・刺蝟掌屬 豐麗丸・有星屬 四角鸞鳳玉。

轉換盆缽的方向讓外型長得更漂亮

室內光線不夠充足，為了避免只有照到陽光的部分成長，一週一次將盆缽轉180度吧！這樣一來，每個部分都能夠好好成長了。另外，在光線不足的環境下澆太多水，可能會造成徒長。

基本上要在室內的明亮位置管理

除了春秋型&夏型外，冬季持續生長的冬型，也要放在最低溫度5至8℃以上的室內日照處管理。雖然它們喜歡通風良好的地方，但是會吹到暖氣的地方，植株會容易受傷，要注意避開。景天屬或長生草屬等比較耐寒的品種，在關東以西的區域，還是可以放在室外管理。

水分和肥料只需補充給冬型

冬季只需要為冬型補充水分和肥料。室內的溫度上升到一定程度時，有些春秋型可能會開始成長，基本上還是不會澆水、施肥，只要每兩週幫葉子噴一次水即可。夏型則是不補充水分和肥料。

冬季和春季的轉換在什麼時候？

●春秋型

三月開始，將植株放到室外慢慢適應陽光，夜晚則收回室內照顧。同時，在冬季只幫葉子噴水，春季則改為兩週一次將水澆入土壤中。到了四月下旬，將盆栽完全放在室外，水則是在土壤表面乾燥時一次澆滿。

●冬型

冬型雖然稱為冬型，但大部分到了四月還會繼續生長，五月才會慢慢減緩生長速度。肥料在四月中旬後停止補充，水分則在進入五月後，減少為每兩週澆一次。六月開始停止澆水，依不同品種的特性，改為每兩週至一個月噴一次葉子。

●夏型

進入四月後，將盆栽放到室外並隨時注意晚霜，同時開始每兩週澆一次水。六月開始，土壤表面乾燥時，一次補充大量的水分。

左起為艷姿屬 小人之祭・石頭玉屬 日輪玉・殘雪柱屬 殘雪之峰。

保持通風，使冬型持續生長吧！

如果一直放在溫暖的室內，喜歡寒冷的冬型會誤以為春天要來臨了，於是早早便開始準備休眠。二月中旬過後，若是日照開始變強了，要經常為房間通風，保持涼爽的環境。三月下旬過後，就將盆栽移到室外。

傷害對策

水分和肥料只需補充給冬型

覺得多肉植物的樣子好像有點奇怪時

多肉植物因為不太需要澆水和施肥，所以照顧起來並不麻煩。只要放置在明亮的地方，就不太會有問題，是很好培育的植物。而如果放在難以照到陽光的地方，或水澆太多，就會造成傷害。找到受傷的原因，就進行適當的處理吧！

圖中是看起來就不太健康的朧月屬。這是放置不管太久，水分極度不足的植株。不過等到成長期就充分澆水澆到從盆底流出吧！這樣就回復原本有精神的狀態了。

事先掌握
健全的狀態

多肉植物很強韌，只要適當照顧，就會回復健全的狀態。仔細記住它們健全的樣子，適當地修護吧！

放置在日照適宜的地點，適當給予水分和肥料。回歡草屬・櫻吹雪。

上面的植株是放在照不到直射陽光的窗邊一年的樣子。葉片之間的間隔太寬。為了索求陽光而長得很長，超出了盆外。

軟弱且過長，無法直立起來的櫻吹雪。是因為放置在照射不到陽光的地方，又給予太多水分和肥料的關係。將莖剪掉1/3至1/2，調整好外形後，放在明亮的地點照顧吧！如果只能放在陽光不充足的地方，只要盡量減少水分和肥料，植株也能長得很健康。

傷害1

長得軟弱細長 外形都走樣了……

長得過長而無法直立起來的枝條，從盆中往外延伸的樣子。將超出盆外的部分整理修剪。

日照不足！

如果放在陰暗的地方，會造成多肉徒長（軟軟地往外長）。只要放在光線充足的地方，就可以避免這種情況發生。

如果要放在光線不足的位置，比起放在明亮處，要更減少澆水和施肥量，這樣才不容易徒長。將徒長的莖剪下，移到光線充足的地方，新長出來的莖才可以健康長大。

將長得太長的莖剪下，在健全的環境下重新培育植株吧！剪下來的莖可以扦插（參閱P.31）來繁殖。扦插綴化的部分，繁殖綴化的植株也很不錯。

徒長的景天屬・寶珠綴化

節間過寬的距離，是因為日照不足而導致徒長。

徒長的星美人屬

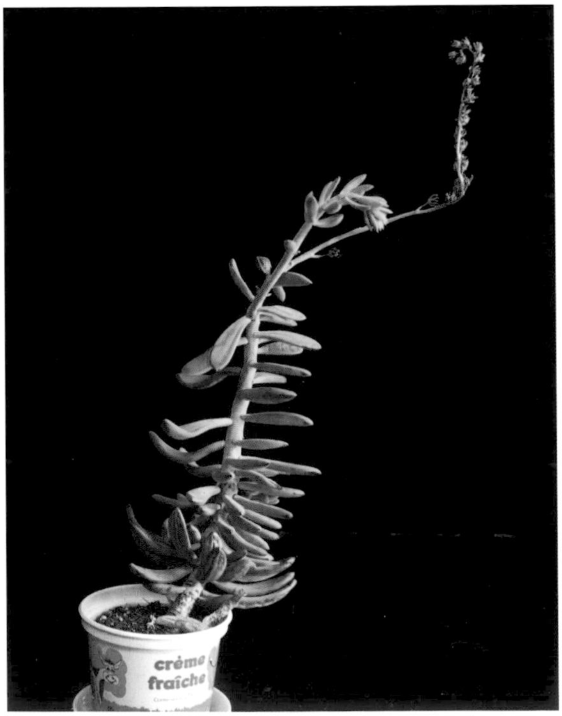

害蟲

多肉植物比起來較不易受到蟲害，但偶爾還是會引來二斑葉蟎，使植株受害。可以馬拉松殺蟲劑將它們消滅。種在室內時，盡量讓空氣流通，就能減少病蟲害的發生。

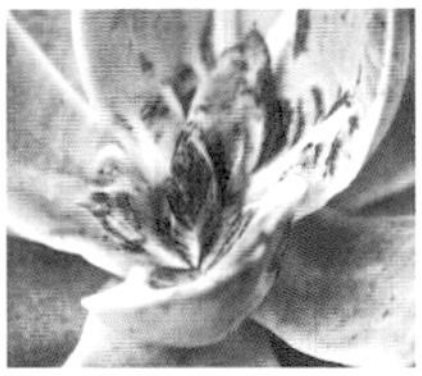

遭受二斑葉蟎蟲害的植株。

定期換盆，也可以減少根粉介殼蟲（根介殼蟲）的蟲害。

徒長的景天屬・銘月

有充分日照，節間相當緊密的狀態。

因日照不足導致節間拉寬的徒長現象。下方葉子掉落並非異常，是長大就會發生的現象。只要加以修剪保養就好了。

傷害 2

葉子變皺，即使澆了水也不會復原……

因為過濕導致根部受傷，連植株部分也枯萎的蘆薈。如果植株部分有留下來，可以換盆或用扦插法重新栽種。

過濕導致根部腐爛！

多肉植物能夠生長在容易乾燥且缺少養分的環境中，水分和養分太多的環境，反而會適應不良。

在這樣的環境下，最先受害的就是直接從土壤中接觸水分和肥料的根部了。一旦根受傷，最糟的狀況便是整株枯死。一定要隨時注意不可補充太多水分和肥料。

根部腐爛的朧月屬

健康的朧月屬的根。種類不同，根的延伸方式也不一樣，不過每一種的根健康時都是呈現偏白色。

因為澆太多水導致根部受傷，旁邊的土壤也散落開來。將發黑的根清除，重新種入新的土中，兩週內不要澆水，就會慢慢恢復原狀了。

枯死的精巧丸

右圖是健康的植株。雖然成長速度緩慢，但如果太濕導致根部受傷，馬上就會如下圖般枯死。

↓

傷害3 將性質不同的植株組盆所導致的失敗

枯萎的原因是日照不足導致生長不良。同一盆內的鷹爪草屬喜歡日蔭處，瀕死的長生草屬卻喜歡日曬處。因為性質不同，這兩種通常不會組合在一起。

多肉廚房

多肉植物常令人忍不住訝異：
「咦！這也可以吃嗎？」
最近改良成可以食用的品種
也越來越常見了。
口感新穎，營養價值又高，
一定要試試看喔！

食譜監修　小貫直哉

特別請到曾於墨西哥、美國的餐廳修業，目前為提供正宗墨西哥料理的店家HAPPY GO LUCKY的店主小貫直哉先生，來解說以多肉植物作為食材的料理。

冰葉日中花

原產於南非的多肉植物，
柔嫩的葉片上，
有著如冰晶一般閃閃發亮的顆粒。
特色是稍微帶點鹹味，
顆粒般的口感。
富含礦物質和維他命。

品嘗多肉清脆的口感

茄汁起司義大利麵

作法

將切成1cm寬的培根和切薄片的洋蔥，放入熱好橄欖油的平底鍋中。炒熟後，倒入番茄罐頭熬煮。加入煮好的筆管麵、冰葉日中花和起司片，拌勻後再以鹽、胡椒調味，可再加辣椒醬。擺盤以烤玉米和生冰葉日中花裝飾即完成。

柔和溫潤的鹹味

馬鈴薯沙拉

作法　馬鈴薯煮至柔軟，趁熱搗碎。胡蘿蔔切塊後和玉米一起煮熟，再和馬鈴薯攪拌均勻。加入冰葉日中花、鹽、胡椒、美乃滋，輕輕拌勻。

想以多肉植物作料理時，一定要使用以「食用」名稱販售的食品＆食材。觀賞用的多肉植物，因為大多添加促進生長用的營養劑，所以本身含有毒素。這次使用的食材，是最近有在超市或網路商店販售的食用多肉植物。

取材協力／InLo＆Co.STORE（http://www.inloco-store.com/）

胭脂仙人掌

在墨西哥，胭脂仙人掌是一種被稱為Nopal的蔬菜，一般家庭經常食用。特色是帶有清爽的酸味，煮熟後會產生黏性。因為含有豐富的膳食纖維，據說美容效果極佳。

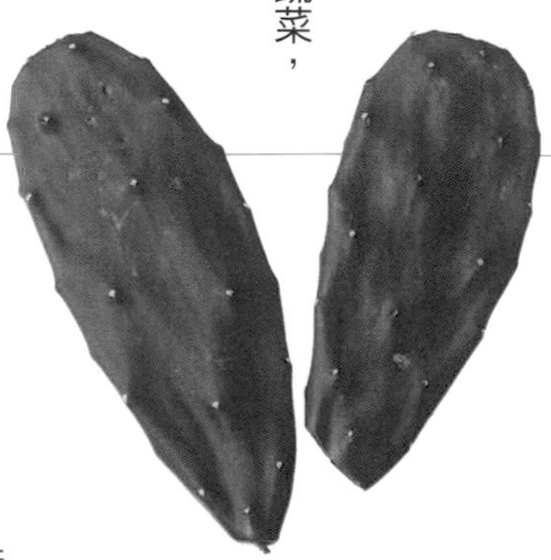

前置作業

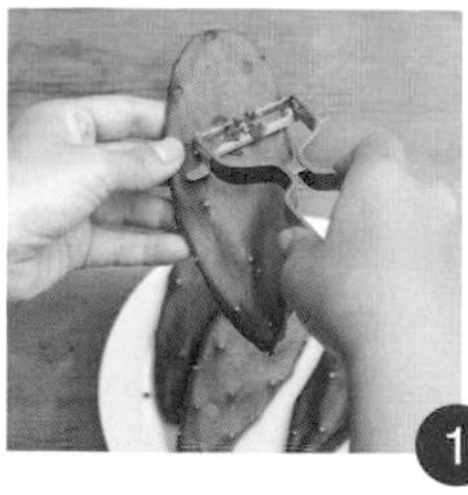

1 洗淨後將水分擦乾。以削皮器將兩側連皮削掉，表面部分將刺削掉。

2 一般注意肉眼看不到的小刺，一邊將尖刺深深地削乾淨。

檸檬淋醬促進食欲

仙人掌排

作法

平底鍋中倒入稍多的橄欖油加熱，將兩片仙人掌半煎炸。待仙人掌變色後取出，中間夾入起司、番茄和酪梨。將多一些的檸檬汁加入平底鍋剩下的橄欖油中，以鹽和黑胡椒調味後，淋在仙人掌排上享用。

色彩繽紛的

熱帶溫蔬菜

作法

將削掉尖刺的胭脂仙人掌、彩椒、紅蘿蔔、酪梨切成1cm寬，放入熱好橄欖油的平底鍋中炒熟。炒熟後，放上半煎炸好的墨西哥薄餅，淋上凱薩沙拉醬享用。

凱薩沙拉醬的作法

蛋黃2顆・橄欖油（1大匙）・醋（1大匙）・鯷魚（1大匙）・炸好壓碎的墨西哥薄餅（1大匙）・鹽（1小匙）・黑胡椒（多一點），全部混合後攪拌均勻。

取材協力／農業生產法人 (有)後藤仙人掌（http://www.sabo.co.jp/）

蘆薈

據說音似「不用醫生」，帶有藥效的木立蘆薈。有皮膚再生、消除便秘、健胃作用等功效。日本常見的蘆薈是木立蘆薈和翠葉蘆薈。

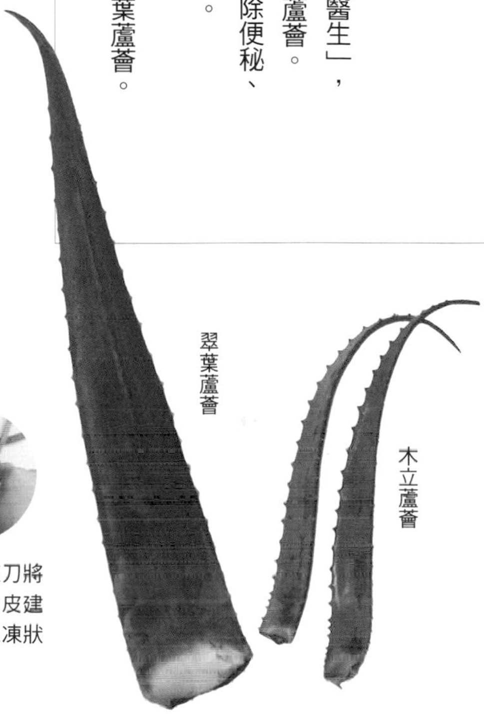

一天一杯，改善怕冷體質

蘆薈酒

作法

將木立蘆薈兩側的尖刺切掉後，切成2cm寬。以蘆薈500g對砂糖200g的比例放入容器中，再倒入約1公升的蒸餾白酒（White Liquor）。蓋子蓋緊後，放在陰暗處保存。靜置一個月即完成。想長期保存時，要先將蘆薈取出。

※不只是木立蘆薈，翠葉蘆薈也可以同樣方法製作蘆薈酒。因為翠葉蘆薈比較大，葉子的成分太強，所以一定要先削皮再製作。
※蘆薈吃太多會容易拉肚子，一開始吃的時候要先少量食用，觀察身體的狀況。

前置作業

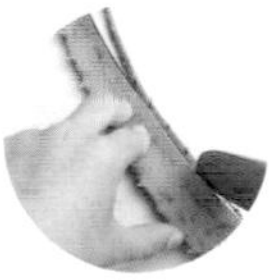

木立蘆薈

洗淨後將水分擦乾，以菜刀將兩側的尖刺切掉。表面的皮不用削也可以吃。滋味很苦。

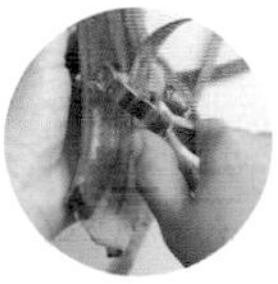

翠葉蘆薈

洗淨後將水分擦乾，以菜刀將兩側的尖刺切掉。表面的皮建議以削皮器削掉，只吃果凍狀的部分。比較沒有苦味。

朧月

朧月是由原產於中南美的多肉植物朧月屬，所栽培出的可食用品種。特色是水嫩多汁且帶有酸味，口感像蘋果一樣爽脆。

墨西哥的經典早餐

朧月炒蛋

作法

將朧月、洋蔥、番茄切成粗塊。平底鍋中倒入稍多的橄欖油加熱，依序加入洋蔥、番茄、朧月炒熟。將加了鹽和胡椒調味好的兩顆份蛋液，倒入平底鍋中拌勻。擺盤可以鷹嘴豆泥和墨西哥薄餅裝飾。

前置作業

洗淨後將水分擦乾，將表皮剝掉。表皮不剝掉，可以吃。

 取材協力／日本蘆薈中心（http://www.izu.co.jp/~aloe/products2.htm）

特選品項

多肉植物・仙人掌

本篇要介紹的是在許多外表珍奇的多肉植物和仙人掌之中，特別稀奇的品種。

萬象 四天王

尺寸　直徑10cm

評選窗的大小・圓潤度・窗中神秘白線的深淺度及植株整體平衡度等之後，只有特殊的優良品可以命名為萬象四天王。四天王深色的白線集中在藍色系的大窗中央，植株整體呈現扁平狀，非常漂亮。近年來，萬象不只是在日本，中國・台灣・韓國都有愛好者，現在為了追求有圓潤碩大的窗而無白紋，或有著深白線的絕品植株，愛好者們不斷從種子開始栽培。通常母株不會標價，圖片的價格是參考用。

萬象

尺寸　直徑10cm

外表令人聯想到象腿，因此命名為萬象。葉子呈圓筒狀，表面像是水平切開的樣子。葉片上方透明的平面部分，在多肉世界中稱之為「窗」。窗的透明度，以及窗中白線多樣化的粗細和深淺色彩，常令初次見到它的人驚訝萬分。在生長地，植株本體會埋入土中，靠窗的部分吸收陽光來進行光合作用。

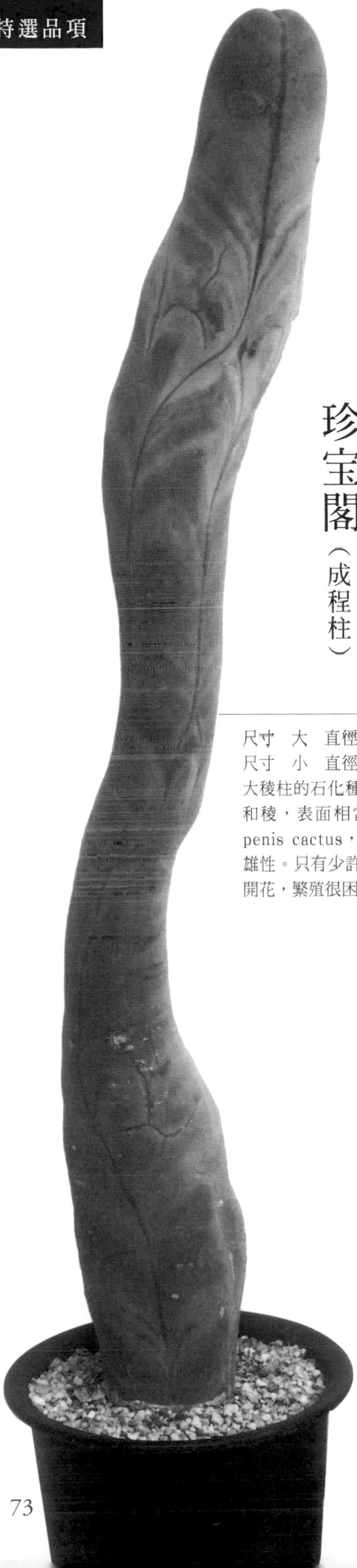

珍宝閣（成程柱）

尺寸　大　直徑6cm　高50cm
尺寸　小　直徑4cm　高10cm
大稜柱的石化種（枝變異），沒有尖刺和稜，表面相當平滑。英文名似乎為penis cactus，推測是Erotic plants的雄性。只有少許的刺座，不能長新芽或開花，繁殖很困難。

兜丸

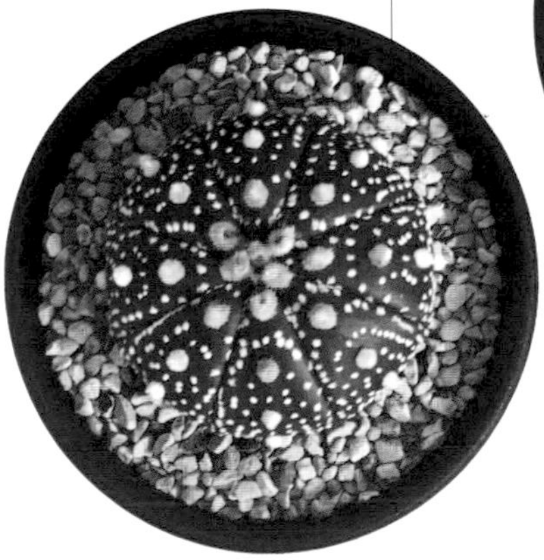

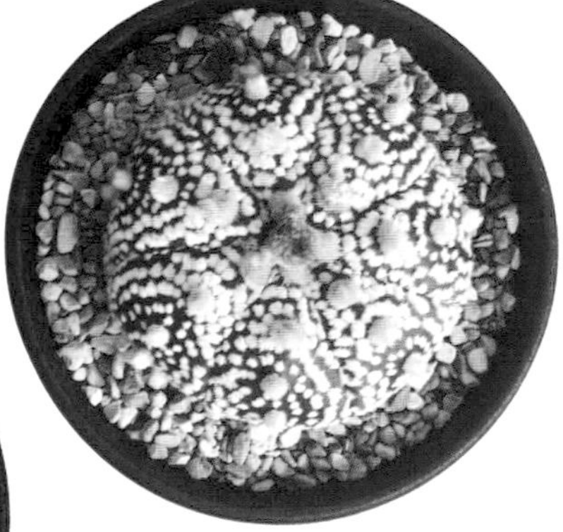

尺寸　直徑5至6cm
單幹，扁球至低球型。稜數大多為8稜，看起來有5至12稜左右。上方的白色毛疣（刺座）和星點，相當美麗。春季到秋季會開黃色的花。刺座越大，星點越是深白複雜，價值就越高。壽命只有15至25年，在仙人掌之中算是非常短。

新天地

新天地錦

左　尺寸　直徑13cm
右　尺寸　直徑7cm
單幹・扁球至球型品種。有著暗綠色的表皮。稜會變成大疣粒，全面覆蓋著由紅轉黑的細長彎曲尖刺。會開白色和淺桃色的花。帶斑是指葉子帶有淺色的紋路，不過表面帶有黃斑的則稱為「錦」。帶斑的品種比一般品種更纖細，即使小型，價格也很高。

阿茲特克黃金
尺寸　直徑25cm
積水鳳梨（Aechmea recurvate）的帶斑品種。

葡萄翁屬
葡萄瓮
尺寸　葉子長度20cm　看起來不像，但其實是葡萄家族。不過不會長藤。

鯱
尺寸　直徑9cm
石蓮屬 東雲的綴化品種。綴化是指生長點太多，形成獨特的形狀。

紫鏡
尺寸　直徑7至8cm
百合科的植物，有球根，
可以長到直徑20cm左右的大小。

葡萄翁屬
象足葡萄甕
尺寸　直徑28cm
只生長在馬達加斯加，是葡萄科的塊根植物。學名中的elephantopus是象腿的意思。雖然表皮的質感厚重，不過因為是葡萄科的蔓性植物，枝葉尖端的姿態相當美麗，風采值得譽為珍品。

棒錘樹屬
席巴女王玉櫛
尺寸　直徑25cm
與鯱一樣，也是綴化的稀有品種。

特選品項

彈簧草屬 寬葉彈簧草

尺寸　直徑10cm
有著獨特捲曲葉子的球根植物。長得健康，還可以分開球根來繁殖。

龍骨葵屬 龍骨城

尺寸　直徑21cm
牻牛兒苗科的多肉植物。冬型種。龍骨葵屬的知名品種，現在也以此名相稱，不過已正式歸為曼森梧桐屬了。獨特的樹姿，常作為盆栽栽培的植物，樹幹是樹脂質，生長非常緩慢。葉子呈珊瑚狀，長滿許多橢圓形的小葉子。葉柄以長刺狀保留下來。花是白色的五瓣花。

棒錘樹屬 溫莎瓶幹

尺寸　直徑20cm
生長在馬達加斯加島北部的岩石地帶，會開棒錘樹屬少見的紅色花朵。

榕屬 紅脈榕

尺寸　葉子長度13cm
可以從播種開始栽培。根部越粗的植株越有價值。

白刺多花玉

尺寸　直徑10cm
不同於一般的黃刺，有著珍奇白刺，且以袖浦仙人掌為台木的多花玉。屬於裸萼球屬。

棒錘樹屬　象牙宮

尺寸　塊根部直徑16cm
馬達加斯加的特有種，生長在標高100至60公尺的岩石上。高度可以達到1公尺左右，底部最大有40cm的渾圓粗壯塊莖會儲存水分。莖上有刺，但會隨著成長而逐漸變得平滑。春季在長出葉子前，會開黃色的花。

龜甲牡丹

尺寸　直徑11cm
龜甲牡丹中，俗稱為哥吉拉的品種。由前田超級龜甲牡丹實生而來，經過挑選後，培育出如此奇異的葉子。現在也不斷在進化中，是相當受歡迎的仙人掌。

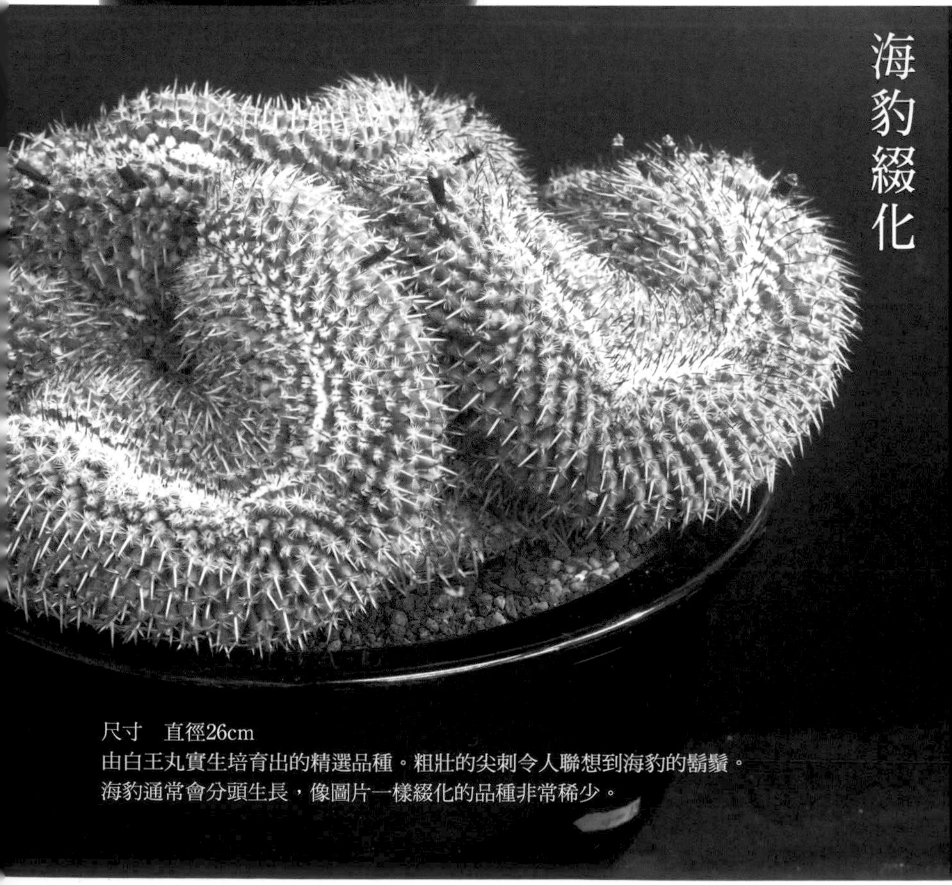

海豹綴化

尺寸　直徑26cm
由白王丸實生培育出的精選品種。粗壯的尖刺令人聯想到海豹的鬍鬚。海豹通常會分頭生長，像圖片一樣綴化的品種非常稀少。

白紅山

尺寸　直徑6.5cm
在日本的氣候環境下，號稱最難栽培的高山性仙人掌白紅山，以龍神木為台木的類型。根部非常纖細敏感，所以採嫁接的方式，讓栽培比較容易。日本國內也有以實生方式栽培，也培育得非常漂亮的名人。

龍舌牡丹

尺寸　直徑12cm
岩牡丹屬
（以前為Neogomesia屬）。宣稱世界只有三株，於昭和30年代引進日本的珍品。沒有尖刺，看起來不像仙人掌，根部是肥大的塊根狀，可以作為刺座的綿毛狀物相當美麗。從新葉的刺座往中央開出約3cm的深桃紅色花。

精巧丸

尺寸　直徑10cm
尖刺的部分的外形長得像西瓜蟲般，非常堅硬。以前是只有愛好者會喜歡的冷門品種，近年人氣攀升中。成長緩慢，渾圓碩大的植株價值很高。喜歡強烈陽光。

大戟屬 白化帝錦

尺寸　莖長40cm
看起來像是仙人掌，其實是大戟科大戟屬的多肉植物。原本是綠色，但整體植株帶有美麗的白斑，富有個性的姿態相當受歡迎。

多肉的故鄉在哪裡？

配合故鄉的環境來照顧吧！

大多數多肉植物生長在雨量少&水分不足的環境中，因此葉和莖有著能夠儲存水分的特質。先了解它們的故鄉環境，一定可以成為栽培時的參考。

以木質化的莖和肥厚的葉子，從乾燥的環境中保護植株，在原產地甚至有長到9公尺高的樹型種。

CACTUS OSADA

納米比亞

眾多蘆薈屬的故鄉

蘆薈屬的種類多達四百種，大多數都生長在非洲大陸和馬達加斯加。這株在納米比亞拍攝的蘆薈屬二歧蘆薈也是其中之一。在日本有枝幹約一至三株，高度1.5公尺左右的植株。在原生地可以長出許多的枝，表面堅硬乾燥且強韌的葉子相當茂盛。

蘆薈屬二歧蘆薈

比起一般常見的木立蘆薈或翠葉蘆薈，二歧蘆薈的葉子和莖相當筆直，形象銳利。隨著枝幹成長，莖的皮會剝落，剝落後的痕跡形成獨特的光滑質感，這也是二歧蘆薈的魅力之一。

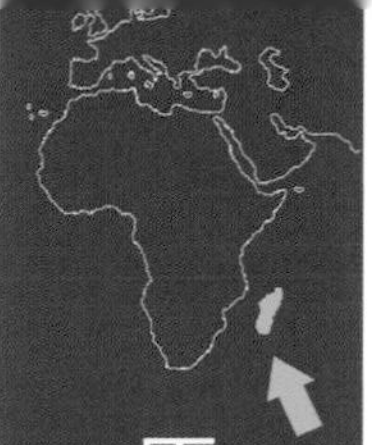

馬達加斯加

生態系豐富而獨特的島

為大多數猢猻樹屬原生地，世界第四大的島——馬達加斯加。因為海流和季風，標高不同，混合了溫帶及熱帶等多種氣候，一年降雨量為３３０至４０００㎝，每個地區的環境大為迥異。在這樣的環境中，生存著許多這座島特有的動植物，形成一套獨特的生態系。

CACTUS OSADA

CACTUS OSADA

棒錘樹屬

在如同岩石般粗糙的表面，悄悄冒出水嫩葉子，也會開花的棒錘樹屬。生長在乾燥地帶中特別缺水的地區，在排水良好的斜坡可以經常見到。

CACTUS OSADA

佇足在棒錘樹屬上，於同一片區域中生存的變色龍。

大戟屬 筒葉麒麟

日本國內通常是種在盆缽中，植株往盆外伸展，在當地則是豪放地匍匐在大地上生長。

CACTUS OSADA

亞龍木屬

看起來像是枝幹直接長出葉子的奇怪外形。日本國內多是高40㎝至1公尺左右的植株（左方圖片），在原生地甚至可以長到20公尺。

S.Furuya

索科特拉島

漂浮在非洲東部，「印度洋的加拉巴哥群島」

位於印度洋在紅海入口處的葉門・索科特拉島。從大陸分離的環境下，有許多獨自進化的動植物棲息著，因此被登記為世界遺產。一年平均氣溫為30℃左右，年降雨量不到300㎜，能夠適應如此環境的植物，形成了獨特的風光。

天寶花屬

從能夠儲存水分的粗幹中長出枝條，在如圖所示般難以認為水分充足的環境中，隨時都能開出花朵。

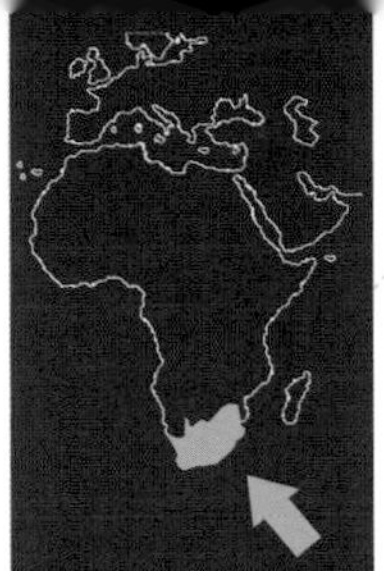

南非

塊狀多肉植物的寶庫

南非據說兩萬種以上生物生長，是有著多種生態系的地區。多肉植物也不例外，同樣是鷹爪草屬，相隔數公里群生的植株，卻通常是完全不同的種類。

棒葉花屬
從土壤中只冒出葉子的前端，為了保持植株乾燥而吸收陽光。

H.Kobayashi

CACTUS OSADA

肉錐花屬
生長在垂直裂開的岩石側面。雖說是嚴苛的環境，但不用和其他植物競爭，其實也算是相當優良的環境。

生長在斜坡上，岩石陰影處的蘆薈屬。

鷹爪草屬
葉片柔軟的鷹爪草屬，有許多夥伴因為不喜歡直射陽光，所以生長在沒有其他植物生長的叢林日蔭處。培育時，不要放在陽光太強的地方，就可以長得很健康。

CACTUS OSADA

北美大陸西南部

此地帶是相當乾燥且荒涼的區域，原本植物密度就很低，所以仙人掌的種類也不是那麼多。可以看到像是圍繞著沙漠化乾燥地帶般的草原和灌木林。

蝦仙人掌屬 紅葡萄酒杯仙人掌

這株仙人掌的特色是會開碩大的花朵。生長在乾燥地帶，雨季時，也常見到它生長在雨水流過的地方。

圓筒仙人掌屬

生長在北美大陸西南部的圓筒仙人掌屬（松嵐）。個體群能夠生存在山岳地帶的高山性質，即使面臨強烈寒流也沒問題。生長環境非常乾燥，幾乎沒有能與之競爭的植物。

強刺屬（左下）
圓筒仙人掌屬（中央）
弁慶柱（右）

這些仙人掌會生長在岩石的蔭涼處以避開極端的乾燥，或從其他植物的底部周圍長出來。

加那利群島

位於北非大西洋海域的西班牙領地加那利群島。全年都是溫暖的氣候，以前作為貿易的中繼地而相當繁榮。中央的特內里費島，南側幾乎已沙漠化，自生的多肉植物也相當多。

大戟屬 墨麒麟

有著深綠色表皮及茶褐色尖刺的柱形大戟屬，群生在岩石地帶。是很強韌的品種，可以作為嫁接的台木使用。

加拉巴哥群島

位於南美厄瓜多西側，赤道正下方太平洋上的群島。以查爾斯・達爾文發表進化論的起源地而知名，仙人掌中也有多種加拉巴哥的特有種。

它們也是加拉巴哥象龜重要的食物來源。

加拉巴哥團扇仙人掌

加拉巴哥的特有種。生長在岩石間的縫隙處，也有像樹一樣長到超過10公尺的種類。

圖片・取材協力／CACTUS長田　國際多肉植物協會・小林 浩・古谷 卓

多肉植物・仙人掌圖鑑

多肉 春秋型

在春季和秋季成長的春秋型品種。常見於初春和秋季，夏季和冬季則會冬眠，要減少澆水量。

景天科
石蓮屬

植株外形 葉子像花瓣般呈蓮座狀綻開，很有魅力。品種豐富。秋天可以欣賞到紅葉。

放置地點 春・秋→日照處／夏→明亮的日蔭處／室內的日照處

粉紅莎薇娜
葉緣有波浪狀的皺褶，可以在組盆時用於增添變化。

老樂錦
葉緣帶有柔和的斑紋。葉插繁殖後，這些斑紋大多會消失。

玉蝶
淡綠色的葉子上覆有一層白粉。只要不到零度以下，在室外也可以過冬。

古紫
葉尖是黑褐色，新芽則帶有綠色。到了秋天顏色會變得更深。

靜夜
圓形葉子緊密重疊，秋天時葉尖的紅色相當美麗。

東雲
（紅系）
看起來像是由葉尖開始覆上一層紅色的綠葉。紅葉時期，全體會變成深紅色。

帕利朵庫拉達
扁平的葉子層疊。經常分枝後群生。

佐羅
雖然葉色很深，不過植株長大後，葉子就會呈波浪狀展開，表現華麗的形象。

蓬鬆的絨毛很有個性！

青渚蓮
肥厚的葉片上長滿細小的絨毛。

錦之司
葉尖為紅色。日照充足會變紅。容易照顧。

月影
節間緊密的放射狀，群生的樣子非常美麗。夏天會開粉紅色。容易照顧。

高砂之翁
波浪狀的葉片，變紅後非常美麗。

特玉蓮
淺綠色帶有但桃紅色的葉子相當美麗。紅色的尖刺也是亮點。

蒂比
小巧如指甲般的葉子，覆蓋著一層白粉，緊密地重疊著，是小型的品種。低溫時葉尖會染成淡桃紅色。也有人叫它奇比。

蘿拉
白綠色的葉子呈蓮座狀，美麗地重疊。

桃太郎
葉尖的深桃紅色非常迷人。

花麗
肥厚的葉片層疊，經長出子株而群生。

紐倫堡珍珠
桃紫色的葉片覆蓋著白色的粉。

有如巧克力工藝般光亮滑順的曲線。

摩莎
深暗的紫紅色葉子交疊在彎曲的葉面上。

紅司
紅紫色的外表十分美麗。可以葉插法繁殖。

麗娜蓮
白綠色的寬葉上，帶著一些白粉。

野玫瑰之精
黑爪和靜夜的交配種。葉尖會變為粉紅色，相當美麗。

黃脂木（阿福花）科

鷹爪草屬

植株外形　小巧的葉子蓮座狀展開。漂亮的半透明葉子品種也很受歡迎。尺寸大約手掌大小。

放置地點　春・夏・秋→明亮的日蔭處／冬→室內的日照處。

萌
鮮豔的黃綠色。避免放在直射陽光處。

龍鱗
尖銳葉子上的龜殼花紋相當美麗。

姬玉露
葉尖如玻璃般半透明的部分，稱為窗。

青雲之舞
帶有透明感的鮮豔綠色。

十二之卷
條紋花樣的長葉密集層疊。在日蔭處也很好栽培。

景天科　春秋型

青鎖龍屬

植株外形　不同的種類有各種豐富的變化。

放置地點　春・秋→日照處／夏→明亮的日蔭處／冬→室內的日照處

雨心錦

葉子上有深淺不一的綠色斑紋。氣溫一旦下降，就會悄悄變成桃紅色。

舞乙女

三角形的葉子向上層疊，呈現棒狀。紅中帶點綠色。花朵很小，在秋天開花。

圓刀

圓薄的葉子向上伸展。綠色中帶點紅色。

花椿

鱗狀的葉片呈圓筒狀直立。花朵會簇生在圓筒的尖端。

若綠

嫩綠色的鬚狀葉子，在秋天會開出小小黃色的花。

向天際伸展的迷你建築。

星之王子

白綠色中，邊緣帶紅色的葉子層疊著。可以分株法繁殖。

銀箭

葉尖細長的葉子上，長著銀白色的毛，相當美麗。

火祭

日照充足會呈現鮮豔的紅色。高度約5cm左右。秋天會開白色的花。

景天科

朧月屬

植株外形　蓮座狀，朦朧的葉色很有魅力。

放置地點　春・秋→日照處／夏→明亮的日蔭處／冬→室內的日照處

姬朧月

有著紅褐色的美麗葉片，莖直立而群生。

姬秋麗

圓棒狀的葉子重疊群生。如果日照不足，節間會變寬。春天會開白色的小花。

蔓蓮

小巧的蓮座狀植株，群生的姿態相當可愛。

綠色的小葉粒，像是在跳躍般可愛。

胡椒科 椒草屬

植株外形 有些品種會從葉子釋出香氣。

放置地點 春・秋→日照處／夏→明亮的日蔭處／冬→室內的日照處

塔翠草

肥厚的葉片層疊生長，看起來像是枝幹一樣。高度約20cm左右，群生。

仙城莉椒草

光澤亮麗的葉片相當茂密，莖成分岐狀，密集生長。

刀葉椒草

像豆莢般嫩綠色的細葉生長在枝幹前端，因為莖已經木質化，所以能夠作為盆栽種植。

景天科 長生草屬

植株外形 密集的蓮座狀葉片很有魅力。大小尺寸也很多樣。

放置地點 春・秋→日照處／夏→明亮的日蔭處／冬→室內的日照處

黑王子

蓮座狀的葉子，為深紅色往茶褐色的漸層色。如果照太多陽光，顏色會變深。

紅蓮華

蓮座狀的葉尖會結絲狀的細線。外側的葉尖則會變成紅色。

Blood Tip

銀色和深紅色的尖銳葉片層疊生長。

景天科 其他

放置地點 春・秋→日照處／夏→明亮的日蔭處／冬→室內的日照處

菊瓦蓮

瓦蓮屬

鮮豔的綠色葉子呈蓮座狀群生。外側的葉子會變成褐色。

藍黛蓮

Pachyveria屬

藍綠色的葉子覆蓋著一點粉，中央呈現微微的紅色。

銀星

Graptoveria屬

淺綠色的葉子緊密地重疊，細長的葉尖帶有桃紅色。

爪蓮華

瓦松屬

生長在日本的多肉植物。蓮座狀的葉子向上層疊，約可以長到30cm左右。會開白色的花，但是開花後植株便會枯萎。底部會留下子株。

不死蝶錦

夏

落地生根屬

葉緣會長出紅色的不定芽。這個品種是夏型。

月美人

星美人屬

淺綠色的圓形葉子。日照充足，秋天會變成紅色。株徑約5cm。

多肉 夏型

在夏季迎來成長的種類。由春轉夏的時期常見於賣場中。

天門冬科（龍舌蘭亞科）龍舌蘭屬

植株外形 蓮座狀展開的尖銳葉片和葉尖的刺很有魅力。也有大型種。

放置地點 春・夏・秋→日照處／冬→室內的日照處

王妃亂雪

葉片肥厚水嫩且柔軟。個體會生出白色纖維，很引人矚目。比起來較耐日蔭。

王妃雷神白斑

葉面稍寬，像花瓣一樣的葉子重疊生長，會依照白色紋樣的樣式改變名稱。

春秋

笹之雪

葉子的表皮堅硬，帶有像是塗抹上去的放射狀斑紋。可以長到直徑30至40cm。為春秋型。

白絲王妃亂雪錦

堅硬且銳利的葉緣，長著稱之為「filament(細絲)」的白線。

黃脂木科（阿福花科）蘆薈屬

植株外形 蓮座狀・木立性・草狀等多種外形。

放置地點 春・夏・秋→日照處／冬→室內的日照處

大羽錦

淺綠色的葉子交互生長，葉緣有尖刺。長大後葉尖會迴旋。

龍山

淺綠色的短葉層疊生長，呈現蓮座狀。帶斑的品種為「龍山錦」。

看起來像龍的背一樣，雖然小卻很有魄力。

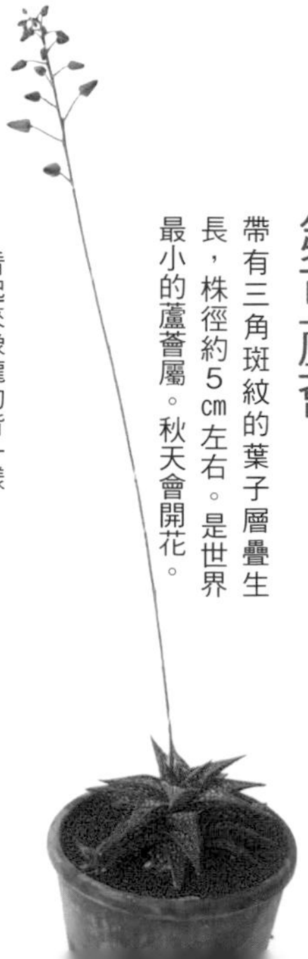

第可蘆薈

帶有三角斑紋的葉子層疊生長，株徑約5cm左右。是世界最小的蘆薈屬。秋天會開花。

夾竹桃科 其他

放置地點 春・夏・秋→日照處／冬→室內的日照處

非洲霸王樹

棒錘樹屬

也稱為「實現夢想之棒」，在原生地是用來祈願的樹。長大後上方部分會分枝，花為白色，不耐寒。

火星人

火星人屬

球狀的塊根會長出蔓性的枝。初夏會開白色的花。

大戟科

大戟屬

植株外形 莖很粗，雖然有刺，但不是仙人掌。花很小。有各種不同的形態。

放置地點 春・秋→日照處／夏→日照處／冬→室內的日照處

峨嵋山

外形像鳳梨，植株的周圍會長出子株。

蘇鐵麒麟

帶刺的枝幹上長著茂密的葉子。枝幹旁會長出子株。雌雄異株，葉子下方會開小花。

白銀珊瑚

從莖長出來長橢圓狀的東西其實是葉子。莖的尖端會開花，且會漂亮地分枝。

白樺麒麟

波紋狀的銀綠色莖上排列著銳利的尖刺。會在莖的尖端開桃紅色的小花。

紅麒麟

尖刺的部分會開橘色的花。

帝錦綴化

莖不規則的扭曲，邊緣有褐色的刺。有很多形狀怪異的品種。

外形簡直像怪獸的蛋一樣。

琉璃晃

又名「龍珠」。雖然是球形，長大後會變成長直狀。周圍會長出子株，秋天會開黃色的花。

無刺麒麟花

莖上沒有刺，有圓形的葉子。花為深紅色，很值得一看。

紅彩閣

長直的莖上長有紅色的尖刺。下方會長出許多子株。尖端會開黃色的小花。

天門冬科（龍舌蘭亞科）

虎尾蘭屬

植株外形 葉片肥厚。大型種也很受歡迎。

放置地點 春・秋→日照處／夏→明亮的日蔭處／冬→室內的日照處

虎尾蘭

肥厚且緊實的葉片集結在一起，外形尖銳。長大後會群生許多走莖。

青蟹虎尾蘭

深綠色的棒狀葉片層疊生長。耐陰性強，夏季時仍要放在明亮處。

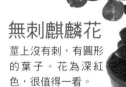

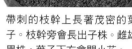

景天科

伽藍菜屬

植株外形　葉子的形狀和色彩相當多樣。

放置地點　春・夏・秋→日照處／冬→室內的日照處

褐矮星

緊實的矮性品種。絨毛狀且捲曲的葉子緊密重疊生長。

朱蓮

有著肥厚的圓葉，邊緣是暗紅色的波浪狀。紅葉時期整體會變成紅色。

唐印

圓葉的葉緣帶有紅色。表面有絨毛狀的短毛覆蓋。

白銀之舞

銀葉。可以長到20至30cm。也可以讓它直立生長。

月兔耳

有著像兔子耳朵般的葉子。高度約20cm。冬天要放在5℃以上的地方，夏天要避免曬到直射陽光。

Pomme

圓形的葉子緊密層疊的小型品種。冬天會開橘色的吊鐘狀花朵。

巧克力士兵

外形很像「月兔耳」，覆蓋著絨毛狀的短毛，不過是茶褐色。

福兔耳

淺綠色和淺褐色的葉子表面，覆蓋著一層絨毛狀的短毛。生長緩慢，高約15cm。

景天科　夏型　青鎖龍屬

植株外形　夏天生長的青鎖龍屬是大型種。
放置地點　春・夏・秋→日照處／冬→室內的日照處

筒葉菊（桃源鄉）

有著尖銳而鮮豔綠色的葉子，莖生長的姿態非常美麗。尖端會簇生白色的花。

光澤亮麗的葉尖，彷彿有生命寄宿的感覺。

燕子掌（宇宙之木）

葉尖凹陷，有著像蠟一般的光澤。莖部木質化，會長到約50cm。

花月錦

翡翠木的帶斑品種。可達1公尺高。冬天要放在5℃以上的地方，並減少澆水。

天堂心

薄且圓的葉子。也有帶紅色斑點的品種。

錦乙女

紅色的葉緣帶有斑紋。也有不帶紅色的品種。

其他

放置地點　春・夏・秋→日照處／冬→室內的日照處

櫻吹雪

回歡草科　回歡草屬
葉色會變為綠色・黃色和桃紅色。夏天會開桃紅色的花。

斷崖女王

苦苣苔科
大岩桐屬
淺褐色的塊根約直徑15cm左右。葉子上有銀白色的軟毛。初春時會開橘紅色的花。

雅樂之舞

馬齒莧科　馬齒莧屬
圓葉的邊緣帶有紅色。日照充足會變成紅色。高度約30至40cm。

幻蝶蔓

西番蓮科　阿丹藤屬
球狀的莖中會長出蔓性的葉子。莖徑約20cm。

綠冰

黃脂木科　鯊魚掌屬
肥厚的淺綠色葉片上，帶有綠色的花紋。葉子會長得很大。

看著植株底部長得圓潤緊實，相當有趣。

白雪姬

黃脂木科　臥牛屬
淺綠色的肥厚葉片相當短，不定期會開橘色的花。

多肉 冬型

在冬季成長的種類。夏天會休眠的石頭玉屬等，夏天要避免過濕，防止悶蒸，以度過夏季。

菊科 千里光屬

植株外形 有藤蔓狀・棒狀・塊根狀等各種形狀。
放置地點 春・夏・秋→明亮的日蔭處／冬→室內的日照處

美空鉾

帶有細密白粉的葉子長得直立且密集。約有10至15cm。

綠之鈴 春秋

十分強健，有些在冬天和夏天都可以生長。秋天會開白色的花。這個品種為春秋型。

七寶樹錦

淺綠色的莖呈直立狀，上方會長出葉子。帶有淺紅色的斑。秋冬時會轉為紅葉且會落葉。

蔓花月

植株長滿水滴狀的薄葉。秋冬季時會變成紅葉。

景天科 艷姿屬

植株外形 莖的前端會長出蓮座狀的葉片。
放置地點 春・秋→日照處／夏→明亮的日蔭處／冬→室內的日照處

黑法師

黑色有光澤的葉片呈傘狀展開。下方的葉子會掉落，高度能長到數十cm。花為奶油色，春季或秋季開花。

夕映

中心處為杏色，葉緣帶有紅色。初夏時會簇生白色的花。

曝日

代班的葉片呈現放射狀大量生長。株徑20至30cm。夏秋時會開奶油色的花。

植株很有布景模型般的真實感。

小人之祭

纖細的枝會分開，外表看起來就像棵樹一樣。高度為20cm左右，是小型種。

其他

放置地點 春・秋→日照處／夏→明亮的日蔭處／冬→室內的日照處

龜甲龍

薯蕷科
龜甲龍屬
地上部分會在秋季枯萎，不過塊根會每年慢慢成長。到晚春為止要減少澆水。

紫月

菊科
厚敦菊屬
長在淡紫色莖上的葉子會向下垂墜。秋冬時葉子會變成紫紅色。

番杏科 石頭玉屬的同伴

番杏科的多肉植物中，專門培植為觀賞用的類型稱之為石頭玉屬。大多原產於非洲。

植株外形 有石頭形・舌形等各式各樣的形狀。花也很有魅力。

放置地點 春・秋→日照處／夏→明亮的日蔭處／冬→室內的日照處

接連冒出的樣子非常有趣！

五十鈴玉

棒葉花屬

前端為半透明的棍棒狀葉子緊密地生長在一起。秋冬會開黃色的花。

神風玉

神風玉屬

葉尖會分開成愛心形。花色依個體不同，有粉紅色・黃色等各種顏色。在春天開花。

Lehmannii

白絨玉屬

成長期時變成紅色的莖相當可愛。耐熱野耐寒。

怒濤

四海波屬

三角形的葉片上長著複雜的突起花紋，中央會開黃色碩大的花朵。

彷彿在描繪大地般的精緻花紋。

日輪玉

石頭玉屬

葉子頂端有茶褐色的斑點花紋。株徑為5cm。秋天會開黃色的花。

魔玉

魔玉屬

一屬一種。藍白色的葉子呈多面體狀，株徑約cm。秋天會開黃色的花。

幻玉

春桃玉屬

開口般的葉形相當獨特。是3cm左右的小型品種，成長也很緩慢。要養成稍微乾燥的樣子。

天女

天女屬

舌狀葉上長有大大小小的疣粒。株徑為10cm左右。秋天會開淺橘色的花。

帝玉

帝玉屬

葉子上有深綠色的斑點花紋，株徑8cm。初春會開黃色的花。

富士之衣

肉錐花屬

愛心形的中心，會開出如菊花般桃紅色和黃色的花。花期為秋季到初冬。

銳利的外形，彷彿現代雕刻一般。

慈光錦

神風玉屬

細長的葉子會從底部分離，展開成V字形。群生看起來相當有魄力。春天會開黃色的花。

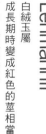

球形

仙人掌

仙人掌屬的多數品種為多肉植物，被稱為仙人掌的植物也是其中一部分。球形或扁平狀的品種稱為球形仙人掌，是園藝用語。分類上歸屬於柱形仙人掌亞科之中。

銀毛球屬

埃爾特姆錦

銀毛球屬 龜甲殿的變種，尖刺沒有或很短，綿毛很多。會開粉紅色的小花。

玉翁

10cm左右的小型圓形，有疣粒。

新猩猩丸

圓筒形，高30cm，直徑約10cm。長著細密的紅銅色尖刺，秋天會開一圈紅色的花。

白星

初春時會開深粉紅色的花。細細長長像毛一樣的尖刺是它的特色。

畢可

特色是細長的尖刺和深綠色的植株。會開鮮豔桃紅色的小花。

大福丸

特性是長大後便會分頭，變成兩株。接下來還會再分成四株。

吉賽爾

細圓筒狀的植株群生。表面覆蓋一層細密的刺。花為桃紅色，會在靠近頂端處沿著圓周接連綻放。

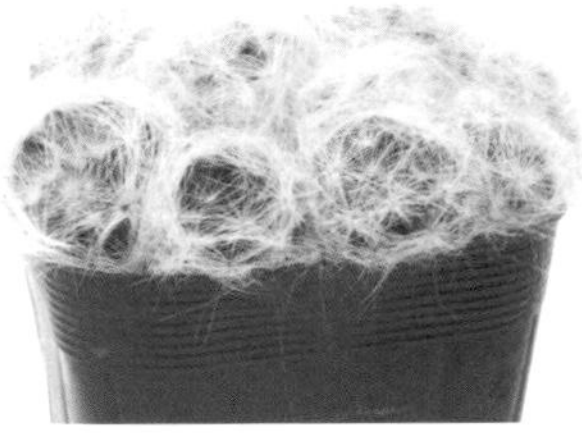

小惑星

直徑5cm左右的小型種。前端會長勾形和白色細長型兩種尖刺。會開白色的小花。

薰光殿

小型球形，覆蓋著細密的刺，黃色的鉤刺相當美麗。群生，會開紫紅色的花。

月影丸

開花的圓徑比猩猩丸大一圈，看起來相當華麗。非常容易開花，花會接連綻放，許多植株同時開花的樣子非常美麗。

姬春星

筒狀小型，群生。覆蓋著一層細密的白毛，仔細一看，就像繡球般的模樣。

希望丸
長著細密的白色短刺。上端會開一圈紅色的小花。

明日春姬
直徑5cm左右的小型球形種。全面覆蓋著白色的刺。纖細的刺和刺座與本體的綠色形成鮮明對比，非常美麗。

銀沙丸
上端會開一圈紅色的小花。有介於強健種和冬型（高地銀毛球屬）中間的特性。

卡爾梅納
7cm左右的球形小型種。全面覆蓋著白色尖刺，相當美麗。

銀手毬
會不斷增生子株的仙人掌。

侯砂堡
直徑2cm左右的枝幹群生，小型種。幾乎不會長得太高。春天會開深桃紅色的花。

金松玉
直徑5cm，高10cm左右的小型種。由冬轉初春時，會開淺黃白色的花。靠自家授粉來結果，果實轉紅熟成後，可以食用。

杜威丸
4cm左右的球形小型種。花色和刺色會有變化。

鶴之子
圓筒形種。細密的白刺相當漂亮。會生子株且群生，較大的品種會群生成40cm左右。會開深橘色或紅色的花。

唐金丸
10cm左右的球形小型種。全面覆蓋著細刺，會開許多淺黃色和深桃紅色的小花。

松霞
黃色的細刺纏捲在整個植株上，會從底部群生出子株。由冬轉春時回開許多白色的小花，結的果實是鮮豔的紅色。

月宮殿
有著白色細刺的美麗品種。細刺的尖端會彎成勾狀。非常耐寒。以前曾歸屬於翁疣仙人掌屬，現在歸為銀毛球屬。

智利球屬

多彩玉
會由球狀慢慢長成筒狀。覆蓋著長長的刺毛，秋天及春天會開粉紅色的花。

雷頭玉
直徑8cm左右的小型種。也有會長尖刺的小型種，刺色有黑色到灰色。5至6月會開花，花色繁多，從奶油色到深粉紅色都有。

高達
特色是紅褐色的植株上長有黑色的刺，形象老態的小型種。成長很緩慢。

蝦仙人掌屬

鬼見城
端正的外形和白色刺座的對比相當美麗。沒有尖刺，很好照顧，但也不太會開花。

大佛殿
稜相當分明的球形，刺很小。長到直徑8cm左右的大小時，會開鮮黃色的花。花的直徑約10cm左右，花期很長。之後會從底部長出子株。

宇宙殿
光滑的球狀，有著細長的尖刺。長到5cm左右，會在春天時開桃紅色的大花。

裸萼球屬

新天地
容易照顧，會長得很大。裸萼球屬有討厭強光的傾向，不用特別遮光。但在盛夏時，若覺得顏色有點曬黑了，就要考慮移動放置地點。

羅星丸
直徑6cm左右的球形，長大後會變成圓筒形。會從基底部群生很多子株。

翠晃冠
表皮是黃綠褐色，有著灰白色的細刺呈放射狀生長。花從白色到桃紅色都有，直徑約3cm左右。

聖王丸
別名buenekeri或pentacanthum。基本是五稜，也有四稜的品種。特色是金色的刺和淡紅色的花。

波晃龍
直徑15cm左右的球形小型種。會開淡桃紅色的小花。

翠晃冠錦
帶有橘色斑紋的翠晃冠品種。不同的植株上，斑紋的顏色和樣式也都有些微不同。

緋牡丹錦
帶有緋紅色斑紋的珍奇品種，以前非常高價，但是突然普遍了起來。

緋花玉
會長到直徑12cm左右，不過在長到5cm時就會開花。花是緋紅色，從春天一直開到整個夏天。

緋冠龍屬

天晃
直徑8cm左右的球形小型種。向上堆疊的稜非常美麗。長到6cm左右會開白花。

緋冠龍
尖刺像漩渦一樣生長。也有尖刺顏色很鮮豔的品種。

獅子頭
從粗糙的球形長成圓筒狀。會開直徑5cm左右的淺桃紅色花。

黑麗丸
小型不規則的圓筒狀。子株群生。有各種不同顏色的版本。

溝寶山屬

溝寶山
直徑8cm左右的小型種。特色是有彈性的咖啡色尖刺和堅硬的綠褐色植株。5至6月會開紫紅的花朵。

沙地丸
直徑約10cm左右的球形小型種。細密的尖刺非常美麗。會開深橘色或紅色的花。

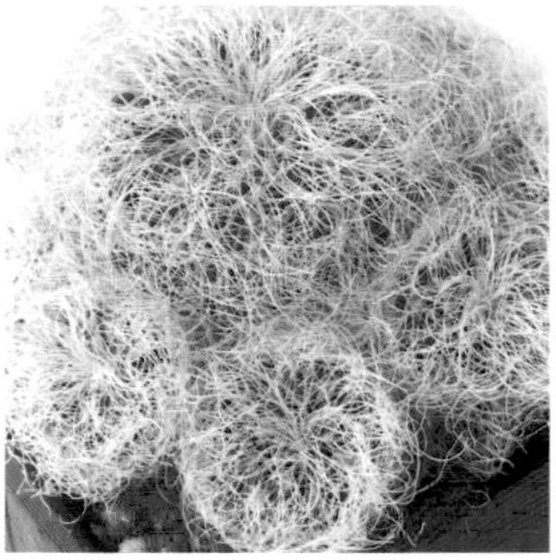

Tarabucoensis・白毛寶山
尖刺像羽毛一樣柔軟，完全不會痛。4至5月會開深紫色的花。

牧羽
直徑7cm左右的球形小型種。纖細的金黃色尖刺捲曲在表面，相當美麗。

多棱球屬

振武玉
表面呈波浪狀的多稜種。尖刺非常地長，外型也很漂亮，頂端會開美麗的白花。

劍戀玉
有許多纖細的波浪狀稜，刺像劍尖一樣的品種。有白色帶紫的線條。

烏羽玉屬

烏羽玉
稜較淺，外形像包子，約會長到10cm左右。頂端會開淺黃色的花，之後會結桃紅色的果實。

仔吹烏羽玉
容易從烏羽玉長出子株而群生的系統。

有星屬

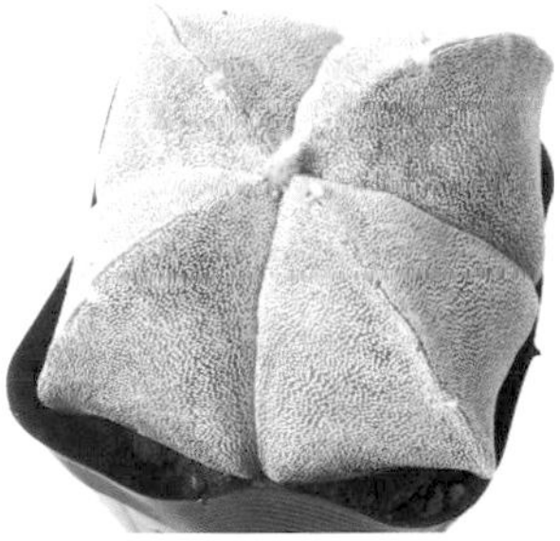

四角鸞鳳玉
因為稜數關係而被命名為四角鸞鳳玉的有星屬。也有三角的品種。很好照顧。

兜丸
直徑10cm左右的球形種。有八個稜，上方的白毛花紋相當美麗。春天到秋天會開黃色的花。

雪晃
雪光屬
直徑15cm左右的球形，白色細刺非常美麗。冬天會開深橘色到朱紅色的花。

Buenekeri
圓盤玉屬
直徑5cm左右的球形小型種。展開成星形的刺非常美麗。會長出子株，形成群生。

王冠短毛丸
刺蝟掌屬
刺很小，直徑15cm左右的球形。主要開花期在4至5月，不過直到秋天為止會不定期開白色大花。

照姬丸
錦繡玉屬
會從矮球形長成球形，直徑5cm左右，會開紫紅色的花。

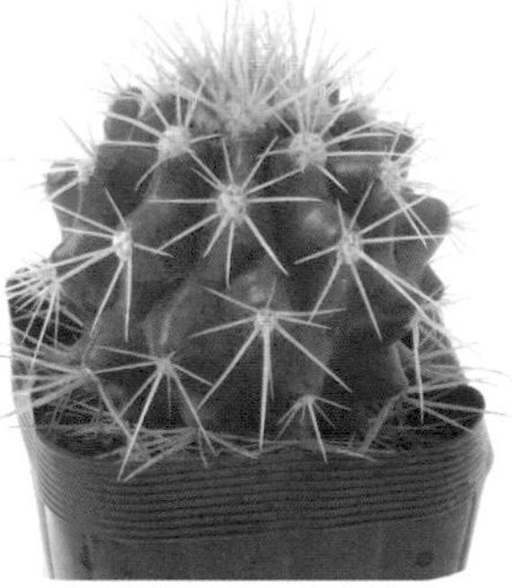

金鯱
仙人球屬
廣泛栽培於全世界，可以說是仙人掌的代表品種。金黃色的刺及數十cm大的球體，頗具王者風範。

金小町
南國玉屬
直徑10cm左右的小型種。5至6月左右會開透明澄澈的黃色大花。

金晃殿
金晃屬
直徑10cm左右的球形小型種。纖細的金黃色刺相當美麗。

白寶丸
子孫球屬
直徑10cm左右的不規則筒狀。全面覆蓋著細刺。會開深橘色的小花。

紫盛丸
有刺萼屬
會從球狀長成圓筒狀。春天會開桃紅色的花，簇生在莖的前端。

七巧柱
巧柱屬
直徑5cm左右的小型種。好像貼在莖上的短刺很有特色。生長很緩慢。

魚鱗丸
龍爪球屬
黑色表皮映襯著白色刺座的小型種。刺很細，像貼在表面一樣，摸起來不會痛。

紅小町
南國玉屬
直徑4cm左右，會開小型的黃色花朵。深綠色的表皮上細密地長滿白色小刺，非常美麗。

團扇形 仙人掌

仙人掌屬

團扇形仙人掌分布在南北美洲大陸的廣大範圍。形狀有扁平・圓筒狀・長雞蛋形・球形・線形……不同於其他仙人掌亞科的植物，尖刺的表面會有小小的反鈎。

黃烏帽子

淡黃色的刺令人印象深刻。有著像是金色兔子耳朵般的趣味外形。

白烏帽子

看起來像兔子，所以又名白兔耳。另有別名為「象牙團扇」。在仙人掌屬中算是小型的品種。

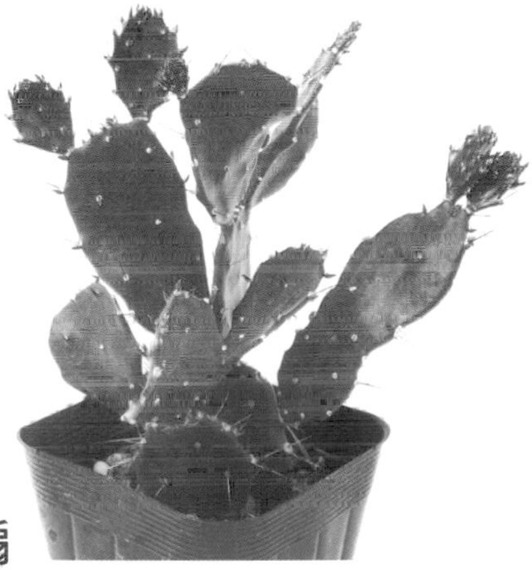

姬團扇

小型的團扇形仙人掌。常見於市面的迷你仙人掌。

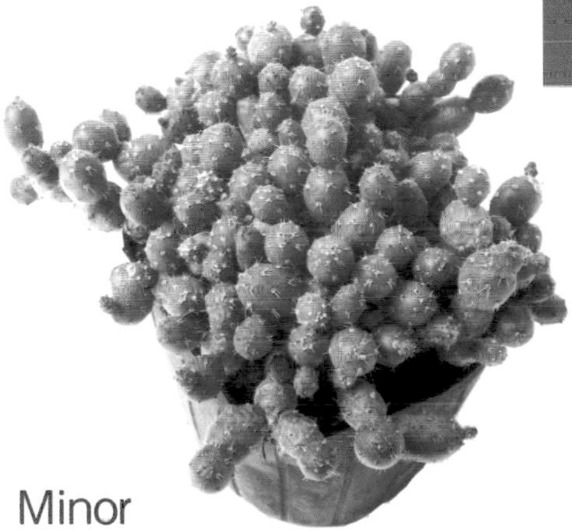

Minor

小型的水泡形。會長子株，分枝的姿態很有魅力。

環城樂

團扇狀的莖上有黃色的刺座，相當美麗。是烏帽子的綴化種。

Marverick

直立式的垂直群生。刺很軟，呈美麗的亮綠色。

柱形

仙人掌

佔仙人掌科大部分品種的柱形仙人掌亞科。
其中柱狀的仙人掌，在園藝上便稱為「柱形仙人掌」。
從美洲大陸生長到非洲・印度洋沿岸，
尺寸從1cm的小型種到高20公尺的大型種都有，種類相當多樣。

蝦仙人掌屬

桃太郎

這個品種的根很虛弱，因此也有人以接木嫁接。夏天會開紅色的小花。

白元

圓筒形，會長到約20cm左右，群生。表面覆蓋白刺，會開深桃紅色的花，相當美麗。

紫太陽

球筒形，紫紅色的細刺很美麗。有充足日照，紫的面積會增大。會開深桃紅色的花。

姣麗球屬

長城丸綴化

成長點很多，以成長點形成整體形狀。長滿密集的細刺，姿態非常有個性。

小型撫城丸

高度10cm左右的小型圓筒形品種。細密的白刺很美麗。通常不開花。

管花柱屬

黃金柱

直徑1至2cm的纖細圓筒狀莖，長滿黃色的細刺。一開始會直立著，接著會開始下垂呈匍匐狀。

凌雲閣

直線狀的外型和帶灰色的長細刺是它的特色。高度會長到30㎝左右。

仙人柱屬

神仙堡

學名中的「Fairy Castle」是妖精之城的意思。群生的植株看起來就像一座城堡一樣。

福爾摩莎

筒狀的小型種，側面會長出很多子株並群生。

其他

周天丸

Mediolobivia屬

小型且極富變異性的pygmaea種的系統之一。春天到秋天會不定期開橘色的花。

龍神木

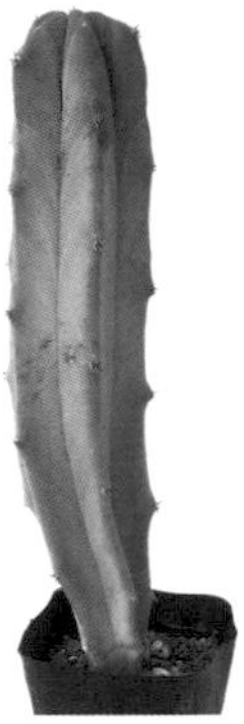

龍神柱屬

莖會向上伸展，甚至會長到4至5公尺。藍綠色的莖節有直徑7至10cm左右，3月左右會開偏白色的花，結深紅色的果實。

黑斜子

麗花球屬

這個品種的特色是黑綠色的表皮上有小小疣狀的稜，及極小的刺。會開黃色的花。經常栽培來用於作接木。

袖浦

臥龍柱屬

常用來當作花仙人掌嫁接用的台木。因為很強健，和蘆薈屬一樣可以直接種在庭院。超過1公尺會開花，一旦開花，便會從春到秋不定期綻放。

金晃丸

金晃屬

圓柱形，會長到高1公尺左右。從株體底部長出子株，變成群生株。

幻樂

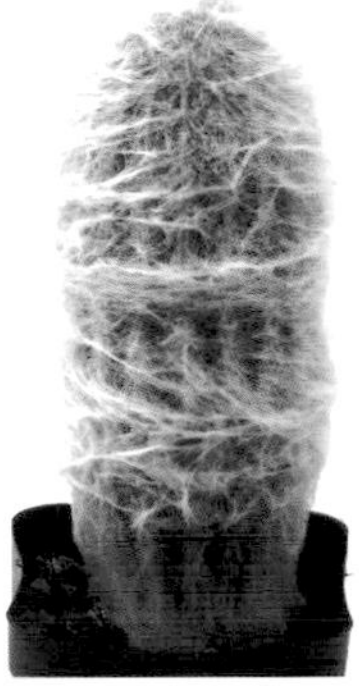

老樂屬

有長到高2公尺的大型種，會從株體底部長出子株，成為新的株體。特色是全面細密地覆蓋著白色的長毛。

Florida orange

白檀柱屬×麗花球屬

細圓筒形。會長出子株，群生。春天會開橘色的大花。

將軍

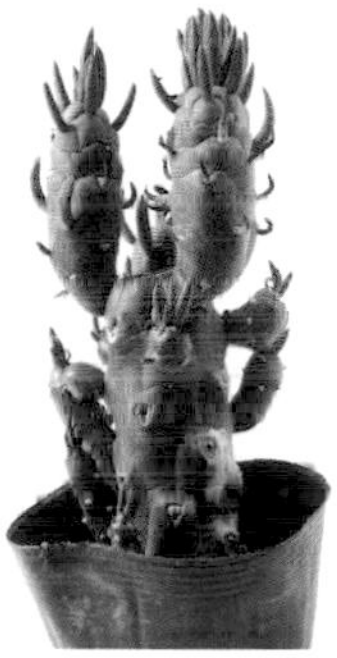

圓筒仙人掌屬

像多肉植物一樣的葉子很有個性。它是柱形仙人掌的原始種。

紅寶山

子孫球屬

細圓筒形。會長出子株並群生。刺為白色，褐色刺座形成精緻的螺旋狀，相當美麗。

長棘武藏野

灰球掌屬

長且向左右扭曲，但刺和紙一樣薄，碰了也不會痛。尖端會開淺桃紅色的小花。

黃金司

銀毛球屬

細圓筒形，群生。刺是金黃色，纖細而柔軟。

精巧柱

巧柱屬

白色毛球狀的外形，加上咖啡色的細刺，是很可愛的小型種。很容易群生。

豪壯龍

毛柱屬

稍微像疣狀的稜上長滿褐色的刺，刺座也長有細毛。

霧冰

圓柱仙人掌屬

特色是漂亮的分枝和纖細的白刺。會長到20cm左右。只要避開霜，比起來較耐低溫。

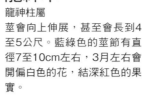

森林性 仙人掌

分布於北美墨西哥到南美祕魯一帶。聽起來像是會長得像叢林一樣，實際上是在通風良好的森林中，附生於樹木或岩石上生長。根比一般的柱形仙人掌更不耐濕，栽培時要多注意。

葦仙人掌屬

青柳

小型，外型相當一致，有時候會有長到20cm以上的莖。易栽種，且強健。有白色小圓花。

絲葦仙人掌

細長的莖往下垂墜，會開白色的花，花謝後會結白色果實。是葦仙人掌屬中較大型的品種。

番杏柳

長滿5mm左右的粒狀多肉葉。分枝且群生，很強健，不會很花心思的品種。尖端會開白色小花，也會結果。

帝都葦

莖的斷面呈四方形，立起來的刺座很顯眼。長大後會往下垂。偶爾會開1cm左右的小花。

初綠

附生在森林樹上成長。呈現棒狀，會不斷分枝，越分越往下垂。通常沒有葉子。初綠是園藝名。

手綱紋

像鉛筆一樣堅硬的棒狀，附生在樹上成長。春天會開小花。

其他

花柳

斑絲葦屬

群生，會長到1公尺左右。特色是扁平的莖邊緣呈鋸齒狀。花期從春天到夏天，不定期會開直徑1cm左右的小花。

猿戀葦

絲葦屬

圓筒狀，會生很多的子株，像節一樣伸長。成長很緩慢，不過莖的尖端會開黃色的花。一旦斷水，莖很容易會一節一節掉落，要小心。

木麒麟

木麒麟屬

看起來像樹一樣，不過它是有刺的森林性仙人掌。樹高約1公尺左右。

孔雀花

曇花屬

它並不是火龍果的矮性種，是另一個品種。市面上也稱綴化月下美人。果實很小，可以食用。

綴化 仙人掌

植物生長時的尖端部分稱為生長點，冒出多數不規則生長點的現象稱為綴化。因為生長點太多，並沒有固定的形狀。也稱為「石化」・「獅子化」・「帶化」等。

銀毛球屬

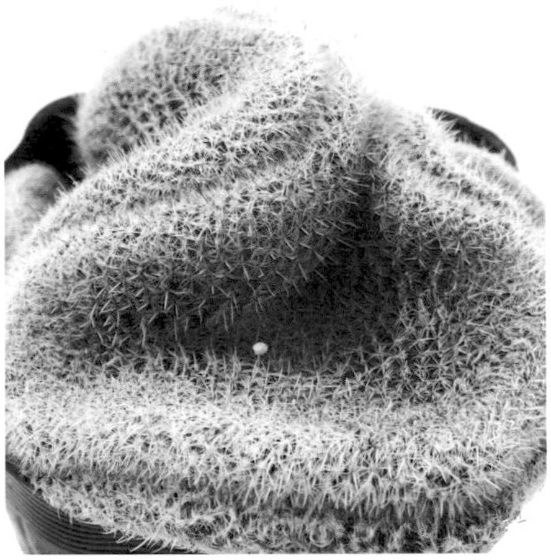

白王丸綴化

小型球形「白王丸」的綴化品種。全面覆蓋著細刺，呈現很有個性卻又柔軟的形狀。

黃金司綴化

小型的圓筒狀，是帶有金黃色尖刺的黃金司，綴化後的品種。有如波浪般的曲線，加上纖細的刺，相當美麗。

仙人柱屬

金獅子

刺是咖啡色的，會開白色的小花。

龍神木綴化

高度可以長到4公尺左右。春天會開白花，並結甜味重的深紅色果實。

其他

青海波

仙人掌屬

千本劍的綴化種，成長很快，會開黃色的花。

緋花玉綴花

裸萼球屬

會長到直徑12cm左右，但在5cm左右就會開花。花呈緋紅色，直徑約6cm左右，會一直從春天開到夏天結束，能夠充分享受。

綴化

管花柱屬

有幾種是綴化後不知道是什麼品種的仙人掌，這也是其中一種。修剪後可能就可以分辨。台木是袖浦。

翁團扇綴化

圓柱仙人掌屬

原本的翁團扇不是扇形的，這是綴化後的品種，會從刺座長出細長的棉毛。

多肉・仙人掌

店家指南

最近很多園藝中心・量販店・花店等都增設了多肉植物區。這邊要為大家介紹一些專賣店，以及多肉植物・仙人掌品項豐富的園藝中心。

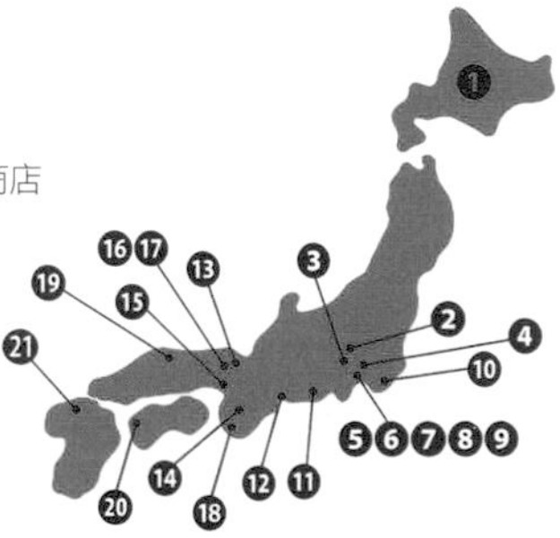

有網路商店

北海道

❶雪印種苗園藝中心

雪印種苗以獨家蔬菜・草皮種子為主，其他有花及蔬菜種子・花苗・蔬菜苗・花盆・玫瑰果樹及花木苗木・多肉植物・觀葉植物・土壤・肥料・園藝資材等。

地址：北海道札幌市厚別區上野幌1条5-1-6
電話：（+81）11-891-2803
營業時間：9：30至17：00（依季節調整）
公休日：不定休（預定12月26日至2月末休館）
http：//snowseed-garden.jp/

群馬

❷PLANTS LIFE（松井田玫瑰園）

3300平方公尺的園地內，有1000株玫瑰爭奇鬥艷的庭園。其中種類豐富的多肉植物長生草屬苗株也有在網路販賣。原創的花圈底台・壁掛木板花器也很受歡迎。

地址：群馬縣安中市松井田町松井田763-2（有產地直營）
電話：（+81）27-393-3962
營業時間：到日落
公休日：不定休（請先電話確認）
http：//plantslife.ocnk.net/

長野

❸信州西澤仙人掌園

標高700公尺的高原，佔地面積500坪的空間中，有約一萬盆的仙人掌・多肉植物・蘇鐵等植物。最特別的是店內收集了許多擁有美麗尖刺的仙人掌。

地址：長野縣塩尻市廣丘堅石392-8
電話：（+81）263-54-0900
營業時間：8：30至17：00
公休日：星期一（請先電話確認）
http：//nishizawacactus.sakura.ne.jp

埼玉

❹Flora黑田園藝

以販賣中的苗株和雜貨打造樣本花園的店。店內四處陳列著使用小盆缽或奇異盆缽等組盆的多肉植物和仙人掌。

地址：埼玉縣埼玉市中央區圓阿彌1-3-9
電話：（+81）48-853-4547
營業時間：9：00至18：30
公休日：無休
http：//members3.jcom.home.ne.jp/flora/

東京

❺solxsol

商品內容會依季節變換，屋內外隨時約有400盆左右的多肉植物盆栽。附設的咖啡店也可以欣賞到多肉植物。

地址：東京都澀谷區宇田川町12-18
電話：（+81）3-5489-5111（語音服務）
營業時間：10：00至20：30
公休日：無休
http：//www.solxsol.com/hands_shibuya_hint7_solxsol.html

❻仙人掌諮詢室

店內有許多設計新穎時尚的裝飾用植物。目白店只要事先申請，便可以在每周六・日諮詢仙人掌及多肉植物的栽培相關疑問。

目白店
地址：東京都豐島區目白1-4-23郵票博物館1樓
電話：（+81）90-3900-9210
營業時間：11：00至17：00
公休日：星期一

群馬本店
地址：群馬縣館林市千代田町4-23
電話：（+81）90-9340-8711
營業時間：9：00至17：00
公休日：無休
http：//sabotensoudan.jp/

❼仙人掌及多肉植物專賣店　鶴仙園

本店是位於豐島區駒込住宅街，以及西武池袋百貨公司頂樓的仙人掌・多肉植物專賣店。從入門的迷你多肉植物，到為愛好者精選的珍奇種類都有，品項豐富。

駒込總店
地址：東京都豐島區駒込6-1-21
電話：（+81）3-3917-1274
營業時間：10：00至17：00
公休日：進貨時公休

西武池袋店
地址：東京都豐島區南池袋1-21-1
西武池袋本店9樓屋頂（南）
電話：（+81）3-5949-2958
營業時間：10：00至19：00
公休日：無休
http：//www.kakusenen.net/

❽Ozaki Flower Park

首都圈最大的園藝中心，植物的品項之多可以說是東京第一。二樓的仙人掌・觀葉植物區有一條長約8公尺的空氣鳳梨隧道，一樓新設的多肉植物區則是蔚為話題。

地址：東京都練馬區石神井台4-6-32
電話：（+81）3-3929-0544
營業時間：9：00至20：00（冬季只到19：00）
公休日：元旦（會臨時公休）
http：//ozaki-flowerpark.co.jp/

❾Protoleaf Garden Island 玉川店

除了園藝用品外，從雜貨到大型植樹盆缽都有的綜合賣場。因自家有製造＆販賣土壤，店內有各式各樣的專門培養土，品項齊全。

地址：東京都世田谷區瀨田2-32-14
玉川高島屋S・C Garden Island 1樓
電話：（+81）3-5716-8787
營業時間：10：00至20：00
公休日：僅休元旦
www.protoleaf.com

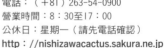

和歌山

⑱CACTUS NISHI

以鷹爪草屬・石蓮屬為主的店鋪。鷹爪草屬有原創品種1500種的繁殖苗和實生苗，石蓮屬則有從美國・澳洲・韓國進口的原創品種，品項繁多。

地址：和歌山縣和歌山市大垣内688
電話 ：073-477-1233
營業時間：9：00至17：00
公休日：年中無休（請先電話確認）
http ：//www.cactusnishi.com/

鳥取

⑲Le Ciel

除了多肉植物外，還有陶器等園藝雜貨・自然風＆法國風的雜貨等多種商品。也有按顧客要求幫忙以獨家多肉植物組盆的服務。

地址：鳥取縣倉吉市東巖城町157
電話：（+81）858-27-0700
營業時間：12：00至18：30
公休日：星期日
http ：//clel.ocnk.net/

愛媛

⑳Saiki Engei

店內有石蓮屬・景天屬・青鎖龍屬・伽藍菜屬・銀波錦屬・長生草屬・鷹爪草屬等容易組盆的多肉植物約300種栽培・販賣中。組盆教室也在開課中。

地址：愛媛縣西条市丹原町石經578
電話：080-5490-3755
營業時間：10：00至16：00
公休日：星期三
（需事先電話預約）
http ：//saikiengei.com/

福岡

㉑Succulent Farm Moko
（福岡縣八女郡）

600坪的溫室中約生產100種的多肉植物。使用各種形狀的陶器或木材，將多肉植物裝飾為觀賞用的商品，則在以下店鋪有販售。
http ：//www.mokopoko.com/

GARDEN SHOP散步道
地址：福岡縣久留米市田主丸町地德3558-1
電話：（+81）943-72-2144
營業時間：10：00至17：00
公休日：1月・2月・8月・9月為每周四公休，其他月份不休息

川之驛船小屋物產館
地址：福岡縣筑後市大字尾島310
電話：（+81）942-52-8188
營業時間：9：00至21：00
公休日：年中無休

奈良

⑭多肉工房

300坪左右的園區中，販售著石蓮屬・鷹爪草屬等多肉植物・仙人掌多項品種。也接受製作合植組盆。網路商店的品項也相當豐富。

地址：奈良縣天理市佐保庄町144-4
電話：（+81）90-9165-0014
（來園前請先電話預約）
http ：//web1.kcn.jp/tanikkun

大阪

⑮山城愛仙園

巨大溫室中備有多種仙人掌・多肉植物的專賣店。日本少數品項齊全的店家，也經常舉辦展示販售會。

地址：大阪府豐中市原田南1-10-7
電話：06-6866-1953
營業時間：10：00至17：00
（可能提早閉園或變更營業時間）
公休日：星期一至五（只有六・日・國定假日營業）
http ：//www.aisenen.com/
http ：//www.rakuten.co.jp/togeya/
（樂天市場「TOGE家」）

兵庫

⑯陽春園植物場

1000坪大的園區內，有嚴選的園藝用花草・觀葉植物及多肉植物等多種植物，園藝雜貨也相當豐富。設有大溫室和直營的咖啡店，是氛圍相當療癒的空間。

地址：兵庫縣寶塚市山本台1丁目6-33
電話：（+81）797-88-2112
營業時間：9：00至18：00
公休日：無休
http ：//www.yoshunen.co.jp

⑰tot-ziens

販售多肉植物・仙人掌和老雜貨的店鋪。店內可以挑選木或鐵製的原創花器，搭配喜歡的植物或雜貨，由店家幫忙組盆。

地址：兵庫縣神戶市中央區榮町通3-2-4和榮大廈別館2樓
電話：（+81）50-1262-4114
營業時間：星期五至日・星期一的國定假日
星期五…14：30至17：30　六・日・星期一的國定假日…13：00至17：30
http ：//www.tot-ziens.com/

千葉

⑩Gran Cactus

佔地500坪的10棟溫室中，各式各樣的多肉植物緊密排列在一起。有5000種以上品種的仙人掌和多肉植物，從小苗到進口大苗都有，種類繁多。

地址：千葉縣印西市草深1081
電話：（+81）476-47-0151
營業時間：9：00至17：00
公休日：星期一至五
（只有六日營業）

靜岡

⑪蘴瑠賛娘

以一片為單位開始販售的多肉植物專賣店。也有裝飾用砂・多肉植物培養土・盆缽等，盆苗從100日圓起跳，品項眾多。

地址：靜岡縣袋井市國本1931
電話：090-4406-2245
營業時間：13：00至16：30
公休日：星期一至五
（只有六日營業，天候不佳時休息）
入園費：100日圓
http ：//rourusanco.shop-pro.jp/

愛知

⑫實生園

創業80年的老店。多肉植物有高級種・珍稀種・組盆用的小苗等約3000種。每年春・秋季會發行刊有所販售的品種和栽培法的型錄。

地址：愛知縣小牧市久保本町15
電話：0568-76-2086
營業時間：9：00至17：00
公休日：平日不定休
（只有六日營業）
http ：//www.misyoen.com/

京都

⑬GREEN　OASIS

有許多手工花器・以苗株裝飾而成的木製苗株壁掛板・木製花器或花桶等，比多肉植物更美麗的裝飾容器。

地址：京都府龜岡市千代川町北之庄相寄7-1
電話：090-8823-7563
營業時間：10：00至17：00
公休日：六・日・國定假日（請先電話確認）
http ：//green-oasis.shop-pro.jp/
http ：//www.rakuten.co.jp/green-oasis-taniku/（GREEN OASIS 樂天市場店）

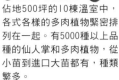

用語解說

生長類型
多肉植物是以積極生長的季節（溫度帶）來分類的，分為在酷熱時期生長的夏型・酷熱時期和寒冷時期之外生長的春秋型・寒冷時期生長的冬型三種。同一種類型中也有性質不同的品種，不過在栽培時，大致可以這三種類型為參考。

生長・休眠
芽和根茂盛成長稱為生長，反過來說，如果靜止不動則稱為休眠。在生長期必須澆水和施肥，而在休眠澆水施肥反而對植株有害。生長・休眠的時期依生長類型而有所不同。

半日照處（明亮的日蔭處）
不會照到直射陽光，不過可以曬到反射光・零散光的地點。例如可以曬到穿過蕾絲窗簾的直射陽光・盛夏時的屋簷下・樹葉間漏出的日光等地點。介於日照處和日蔭處中間。

遮光
以遮陽板等擋住直射陽光。想將鷹爪草屬等不喜歡直射陽光的品種放在屋外栽培時，就要遮光。

葉水
以噴霧器或裝有蓮蓬頭的澆水壺，將水澆在植株上而非土壤中。休眠期的植株等討厭過多水分的品種，可以這個方式減少水分，高溫時期也可以用來降低株體的溫度。

排水
澆水時，土壤將多餘水分排出的能力。土中積蓄多餘水分，便沒有空間保留根部成長所需的空氣。

盆底石
指為了幫助排水，在放入土壤前先放入盆底的輕石。

盆底網
為了防止土壤和盆底石流出・害蟲侵入等，用來蓋住盆底洞口的網子。

水苔
將生長在濕地的水苔類，乾燥後作為種植的材料。具有良好的透氣性・保水性・保肥性。

插芽法
將枝條等植物的一部分剪下，插在土壤中，使其發根的繁殖方法。扦插的地方稱為插床。

分株（母株・子株）
將長有複數芽的植物，在根連接著的狀態下將植株分開以繁殖的方法。分開的新增植株稱為子株，原本的植株稱為母株。

肥料的三要素（氮・磷・鉀）
指植物在生長過程必要的元素中，特別需要的氮（N）・磷（P）・鉀（K）三種成分。氮主要用於促進成長及養分吸收，磷主要用於促進開花・結果，鉀主要用於強化根和莖，增加對抗病蟲害的抵抗力。

液體肥料
指溶於水中，稀釋後再使用的肥料。有速效性。

速效性肥料
施肥後立刻能被植物吸收的肥料。雖然快速，但效果卻不持久，所以在需要施肥的期間，必須定期補充。

緩效性肥料
會因為澆水而慢慢溶化，在一定期間內會持續有效的肥料。一般都是作成錠狀的化學肥料。

徒長
長得比一般細長且虛弱的樣子。如果栽種在陰暗的地方，很容易發生這種狀況。

蒸傷・根部腐爛
高溫期的過濕現象稱為蒸傷。因為過濕和肥料過多造成根部受傷，就是根部腐爛。生長期要適量地澆水和施肥，到了休眠期，就要停止澆水和施肥，以避免根部腐爛。

植株
指植物的身體及整體。

實生
指從種子開始栽培的植物。為了區分以扦插繁殖的植物時使用。

走莖・地下莖
像青鎖龍屬 蔓蓮華一樣會從母株長出，前端會再冒出子株的莖，稱為走莖。地下莖則是像虎尾蘭屬等往土中生長的莖，莖端也會長出子株。長出來的子株可以從走莖・地下莖上分離，作為新的植株繁殖。

節
連接葉子的部分。在日照不足的環境下，節間距離會拉開，看起來很不美觀（徒長）。

窗
長在姬玉露等軟葉型鷹爪草屬葉子上的透明部分。因為在樹蔭下會自然生成，據說是為了吸收微弱的光線。窗是觀賞鷹爪草屬的重點，如萬象等品種，還會因為窗的模樣，可能有超過50萬日圓的價值（參考P.72）。

脫皮
一部分的石頭玉屬在休眠結束，開始甦醒生長之際，會脫去舊皮。

開始脫皮的石頭玉屬。株體底部的黑色部分就是去年被脫掉的老葉。脫皮後，植株會從老葉中吸收養分，在中央長出新的葉子。

塊根莖（Caudex）
龜甲龍・棒錘樹屬等植物塊狀的根和莖。是很大的觀賞重點。因為有許多不同科的塊根莖植物，所以統稱為Caudex。

軟葉・硬葉
鷹爪草屬中，像姬玉露一樣葉片柔軟的品種，稱為軟葉系鷹爪草屬；像十二之卷一樣有著堅硬葉片的品種，稱為硬葉系鷹爪草屬。

帶斑
在一般葉色的葉片上，有黃色、紅色、白色等的花紋。因為很稀有，通常會比普通葉色的品種更高價。

刺座
位於刺的底部，是仙人掌科植物的特色之一。大戟屬等其他科的品種中也有會長刺的種類，但是不會有刺座。

綴化
植物在成長時，枝或葉前端等有個稱為生長點的部位。通常生長點只會長在莖端等固定的地方，但也會因為突然的變異，使生長點呈帶狀分布，就稱為綴化。也稱為石化・帶化。因為很稀有，通常會比一般個體更高價。

蓮座狀
節間緊湊的短莖上，葉子以放射狀重疊而生的樣子。

群生
指同一種植物在同一個地方，多數聚集起來生長。

稜
從仙人掌頂端到植株底部，像山峰一樣隆起的部位。

玉翁 ··· 96
Tarabucoensis・白毛寶山 ··· 99
斷崖女王 ··· 93
天女屬 ··· 20・95
長城丸綴化 ··· 102
巧克力士兵 ··· 92
珍寶閣 ··· 73
月影丸 ··· 96
月兔耳 ··· 9・17・92
月美人 ··· 17・89
爪蓮華 ··· 89
鶴之子 ··· 97
姣麗球屬 ··· 102
帝玉 ··· 95
龜甲龍屬 ··· 94
第可蘆薈 ··· 90
圓盤玉屬 ··· 100
蒂比 ··· 87
春桃玉屬 ··· 20・95
綴化 ··· 105
筒葉菊／桃源鄉 ··· 93
唐印 ··· 92
魚鱗丸 ··· 100
灰球掌屬 ··· 103
杜威丸 ··· 97
初綠 ··· 104
帝都葦 ··· 104
緋冠龍屬 ··· 99
天晃 ··· 99
天女 ··· 95
桃源鄉／筒葉菊 ··· 93
特玉蓮 ··· 87
怒濤 ··· 95
龍血 ··· 29

な

長棘武藏野 ··· 103
虹之玉··· 17・28・53
日輪玉 ··· 61・95
智利球屬 ··· 98
南國玉屬 ··· 100
野玫瑰之精 ··· 87

は

紐倫堡珍珠 ··· 87
凌雲閣 ··· 102
鷹爪草屬 ··· 13・17・18・33・67・81・87
星美人屬 ··· 9・17・18・64・89
Pachyveria屬 ··· 13・18・89
棒錘樹屬 ··· 19・52・53・74・75・76・79・90
白王丸綴化 ··· 105
白銀珊瑚 ··· 91
白銀之舞 ··· 92
絲葦仙人掌 ··· 104
波晃龍 ··· 98
白紅山 ··· 76
絲葦屬 ··· 104
青蟹虎尾蘭 ··· 91
花麗 ··· 87
花椿 ··· 88
白烏帽子 ··· 101
臥龍柱屬 ··· 28
錦繡玉屬 ··· 100
七巧柱 ··· 100
緋花玉 ··· 98
緋花玉綴化 ··· 105
緋冠龍 ··· 99
巧柱屬 ··· 100・103
畢可 ··· 96
日高 ··· 29
緋牡丹錦 ··· 98
火祭 ··· 88
姬團扇 ··· 101
姬秋麗 ··· 88
姬春星 ··· 96
毛柱屬 ··· 103
粉紅莎薇娜 ··· 86
精巧柱 ··· 103
榕屬 ··· 75
帶斑圓葉景天 ··· 13
神仙堡 ··· 102
Buenekeri. ··· 100
棒葉花屬 ··· 20・81・95
刀葉椒草 ··· 89
強刺屬 ··· 83
四海波屬 ··· 20・95
火星人屬 ··· 90
福爾摩莎 ··· 102
福兔耳 ··· 92
不死鳥 ··· 16
不死蝶錦 落地生根屬 ··· 89
富士之衣 ··· 95
褐矮星 ··· 92
雪光屬 ··· 35・100
黑王子 ··· 89
Blood Tip ··· 89
菊瓦蓮 ··· 89
虎尾蘭 ··· 91
落地生根屬 ··· 89
藍精靈 ··· 12
錦之司 ··· 86
溝寶山 ··· 99
帝玉屬 ··· 20・95
Florida orange ··· 103
迷你蓮 ··· 28
姬朧月 ··· 88
紅麒麟 ··· 91
紅小町 ··· 100
紅司··· 87
椒草屬 ··· 18・89
紅寶山 ··· 103
照姬丸 ··· 100
木麒麟屬 ··· 104
弁慶柱 ··· 83
聖王丸 ··· 98
手綱絞 ··· 104
寶珠綴化 ··· 64
豐麗丸 ··· 60
花柳 ··· 104
馬齒莧屬 ··· 93
星王子 ··· 9・88
星美人 ··· 9
Pomme ··· 92
雨心錦 ··· 88

ま

Marverick ··· 101
舞乙女 ··· 88
魔玉 ··· 17・95
蔓蓮 ··· 88
落地生根 ··· 32
松霞 ··· 97
鏡屬 ··· 74
松之綠綴化 ··· 28
銀毛球屬 ··· 96・103・105
圓葉景天 ··· 29
萬象 ··· 72
美空鉾 ··· 94
綠之鈴 ··· 94
孔雀花 ··· 104
小型撫城丸 ··· 102
Minor ··· 101
森村萬年草錦 ··· 28
龍神柱屬 ··· 103
霧冰 ··· 103
紫太陽 ··· 102
銘月··· 12・13・29・65
石頭玉屬 ··· 17・95
番杏柳 ··· 104
Mediolobivia ··· 103
萌 ··· 87
木麒麟 ··· 104
桃太郎 石蓮屬 ··· 87
桃太郎 蝦仙人掌屬 ··· 102
森村萬年草 ··· 28
多花玉 ··· 61

や

蔓花月 ··· 94
夕映 ··· 94
大戟屬 ··· 17・19・52・77・79・84・91

ら

黑麗丸 ··· 99
帝錦綴化 ··· 91
羅星丸 ··· 98
摩莎 ··· 87
魔玉屬 ··· 95
非洲霸王樹 ··· 90
石頭玉屬 ··· 20・61・95
葦仙人掌屬 ··· 104
龍骨城 ··· 75
龍山 ··· 90
龍神木 ··· 103
龍神木綴化 ··· 105
龍鱗 ··· 87
麗娜蓮 ··· 87
黃花新月／紫月 ··· 94
玉蝶 ··· 86
Lehmannii ··· 95
高達 ··· 98
斑絲葦屬 ··· 104
子孫球屬 ··· 100・103
蘿拉 ··· 87
瓦蓮屬 ··· 89
麗花球屬 ··· 103
烏羽玉屬 ··· 99

わ

若綠 ··· 88
環城樂 ··· 101
笑布袋 ··· 52
金晃殿 ··· 100

索引

あ

冰葉日中花 … 69
圓筒仙人掌屬 … 34・103
艷姿屬 … 13・14・17・20・61・94
青渚 … 86
青星美人 … 9
龍舌蘭屬 … 17・19・90
龍舌牡丹 … 77
東雲（紅系） … 86
有刺萼屬 … 100
海豹綴化 … 76
明日香姬 … 97
阿茲特克黃金 … 74
有星屬 … 60・99
阿丹藤屬 … 93
天寶花屬 … 19・52・80
回歡草屬 … 63・93
古紫 … 86
白元 … 102
白寶丸 … 100
彈簧草屬 … 75
沙地丸 … 99
蘆薈屬 … 19・37・66・71・78・90
亞龍木屬 … 79
五十鈴玉 … 95
笑布袋屬 … 52
團扇形仙人掌 … 70・101
宇宙殿 … 98
宇宙之木／燕子掌 … 93
烏羽玉 … 99
仙人球屬 … 100
蝦仙人掌屬 … 82・98・102
多棱球屬 … 99
刺蝟掌屬 … 60・100
石蓮屬 … 12・17・18・22・23・52・86・87
白裳屬 … 103
曇花屬 … 104
金晃屬 … 100・103
Erusamu … 96
月影 … 86
圓刀 … 88
王冠短毛丸 … 100
黃金柱 … 102
黃金司 … 103
黃金司綴化 … 105
黃金圓葉萬年草 … 29
王妃雷神白斑 … 17・90
虹之玉錦 … 30・31
翁團扇綴化 … 105
雷頭玉 … 98
乙女心 … 8・10
厚敦菊屬 … 20・94
姬玉露 … 87
仙人掌屬 … 101・105
朧月 … 22・23
瓦松屬 … 89

か

雅樂之舞 … 93
仙城莉椒草 … 89
花月錦 … 93
圓葉黑法師 … 13
臥牛屬 … 93
鯊魚掌屬 … 93
火星人 … 90
紅蓮華 … 89
峨眉山 … 91
兜丸 … 60・73・99
白檀柱屬×麗花球屬 … 103
唐金丸 … 97
加拉巴哥團扇仙人掌 … 84
伽藍菜屬 … 9・16・17・19・32・92
卡爾梅納 … 97
鬼見城 … 98
吉賽爾 … 96
龜甲牡丹 … 76
龜甲龍 … 94
葡萄翁屬 … 74
希望丸 … 97
裸萼球屬 … 98・105
慈光錦 … 95
圓柱仙人掌屬 … 83・103・105
金晃丸 … 103
金小町 … 100
銀沙丸 … 97
金獅子 … 105
金鯱 … 100
金松玉 … 35・97
銀箭 … 88
銀手毬 … 97
熊童子 … 9
藍黛蓮 … 89
小惑星 … 96
青鎖龍屬 … 9・18・19・88・93
朧月 … 71
朧月屬 … 14・18・22・23・32・62・66・88
Graptoverla屬（風車草×擬石蓮花屬） … 15・89
綠冰 … 93
綠之鈴 … 94
管花柱屬 … 102・105
黑斜子 … 103
黑法師 … 14・17・94
白雪姬 … 93
牧羽 … 99
薰光殿 … 96
神風玉屬 … 20・95
月宮殿 … 97
無刺麒麟花 … 91
幻玉 … 95
幻蝶蔓 … 93
幻樂 … 103
劍戀玉 … 99
紅彩閣 … 91
豪壯龍 … 103
三色葉 … 28
燕子掌／宇宙之木 … 93
珍珠萬年草 … 29
黃烏帽子 … 101
松葉景天 … 28
銀波錦屬 … 9
肉錐花屬 … 20・52・81・95
龍爪球屬 … 100
小人之祭 … 61・94
仔吹烏羽玉 … 99
天堂心 … 93
白絨玉屬 … 20・95
塔翠草 … 89

さ

櫻吹雪 … 63・93
笹之雪 … 90
老樂錦 … 86
侯砂堡 … 97
猿戀葦 … 104
龍骨葵屬 … 75
錦乙女 … 93
殘雪之峰 … 61
虎尾蘭屬 … 19・36・54・91
曝日 … 94
王妃亂雪 … 90
四角鸞鳳玉 … 60・99
紫月 … 94
獅子頭 … 99
紫盛丸 … 100
七寶樹錦 … 94
四天王 … 72
鯱 … 74
周天丸 … 103
十二之卷 … 87
秋麗 … 32
朱蓮 … 17・92
將軍 … 103
白絲王妃亂雪錦 … 90
白樺麒麟 … 91
白星 … 96
銀星 … 89
白刺多花玉 … 75
薄雪萬年草 … 28
新猩猩丸 … 96
新天地 … 73・98
新天地錦 … 73
大岩桐屬 … 19・93
神風玉 … 95
振武玉 … 99
翠晃冠 … 98
翠晃冠錦 … 98
琉璃晃 … 17・91
大羽錦 … 90
溝寶山屬 … 99
青雲之舞 … 87
青海波 … 105
精巧丸 … 66・77
靜夜 … 86
景天屬 … 8・10・12・17・18・26・27・28・29・30・31・53・64・65
雪晃 … 35・100
千里光屬 … 20・94
仙人柱屬 … 102・105
青柳 … 104
長生草屬 … 18・67・89
袖浦 … 103
蘇鐵麒麟 … 91
佐羅 … 86

た

大福丸 … 96
大佛殿 … 98
高砂之翁 … 22・23・86
多彩玉 … 98
立田 … 13

國家圖書館出版品預行編目 (CIP) 資料

初學者的多肉植物＆仙人掌日常好時光 / NHK 出版編著；陳妍雯譯 . -- 二版 . -- 新北市：噴泉文化館出版 , 2020.03
面； 公分 . -- (自然綠生活；15)
ISBN 978-986-98112-7-9(平裝)

1. 仙人掌目 2. 栽培

435.48 109002616

| 自然綠生活 | 15

初學者的多肉植物＆仙人掌日常好時光（暢銷版）

編　著／NHK 出版
監　修／野里元哉・長田研
譯　者／陳妍雯
發 行 人／詹慶和
執行編輯／劉蕙寧
編　輯／蔡毓玲・黃璟安・陳姿伶・陳昕儀
執行美編／陳麗娜・韓欣恬
美術編輯／周盈汝
內頁排版／造極
出 版 者／噴泉文化館
發 行 者／悅智文化事業有限公司
郵政劃撥帳號／19452608
戶　名／悅智文化事業有限公司
地　址／新北市板橋區板新路 206 號 3 樓
電　話／(02)8952-4078
傳　真／(02)8952-4084
網　址／www.elegantbooks.com.tw
電子信箱／elegant.books@msa.hinet.net

2020 年 3 月二版一刷　定價 350 元

經銷／易可數位行銷股份有限公司
地址／新北市新店區寶橋路 235 巷 6 弄 3 號 5 樓
電話／(02)8911-0825
傳真／(02)8911-0801

〈監修〉

野里元哉

於兵庫縣經營園藝店。從花園到盆栽均有涉獵，具有品味的花壇和組合盆栽作品相當受到好評。「多肉植物可以品味到其他植物沒有的獨特魅力，平常沒有在接觸園藝的朋友，更希望你能來試試，體驗看看！」

長田 研

1975年生於靜岡縣。在維吉尼亞大學（美國）專攻生物和化學。於靜岡縣沼津市專門培育多肉植物、仙人掌的苗圃、CACTUS長田，負責園藝植物的生產及進出口工作。「因為沒有留下以前的紀錄，所以沒能完整查詢多肉植物園藝名的文獻。多肉常常有很多看不懂的園藝名，很令人感興趣。」

參考文獻
《なんでもわかる花と緑の事典》
樋口春三監修 花卉懇談會編纂 六耀社
《栽培上手になる！ ビジュアル園芸用語530》
小笠原誓監修 NHK出版

編輯：NHK出版
監修：野里元哉‧長田研
封面設計：レジア（石倉ヒロユキ）
插畫：石倉ヒロユキ‧坂之上正久
正文設計：レジア（石倉ヒロユキ・小池佳代）
編輯協力：レジア・土屋悟・日高良美
攝影：石倉ヒロユキ
校正：安藤幹江・高橋尚樹
企劃、編輯：上杉幸大（NHK出版）

STAFF

● 攝影協力
陽春園植物場
http://www.yoshunen.co.jp
CACTUS長田
http://www.cactusosada.com
鶴仙園
http://www.kakusenen.net/
多肉工房
http://web1.kcn.jp/tanikkun
HAPPY GO LUCKY　小貫直哉
InLo & Co.STORE　http://www.inloco-store.com/
農業生產法人 (有) 後藤仙人掌　http://www.sabo.co.jp/
日本蘆薈中心　http://www.izu.co.jp/~aloe/products2.htm

● 圖片提供
國際多肉植物協會　http://www.ne.jp/asahi/isij/japan/
小林 浩
古谷 卓

花時間

享受最美麗的花風景

定價：480 元

定價：480 元

定價：480 元

定價：480 元

定價：480 元

定價：480 元

定價：480 元

定價：480 元

定價：580 元

保存版圖鑑

234種類介紹！